创新型计算机精品教材

数据可视化技术与应用案例教程

主审 王春波

主编 张璐璐 黄 斌 王 晖

航空工业出版社

北 京

内容提要

本书采用项目式编写方式，以合理的结构、通俗易懂的语言、丰富实用的案例、学练结合的讲解方式，全面系统、循序渐进地介绍了数据可视化的理论知识、相关技术和实际应用。全书共分为 6 个项目，分别为数据可视化基础、数据可视化设计、Excel 数据可视化、Tableau 数据可视化、ECharts 数据可视化、Python 数据可视化。

本书可作为各类院校大数据技术、数据科学与大数据技术、人工智能技术应用、计算机应用技术等相关专业学生的教材，也可供相关从业者自学使用。

图书在版编目（CIP）数据

数据可视化技术与应用案例教程 / 张璐璐，黄斌，王晖主编． -- 北京 ： 航空工业出版社，2025．1．
ISBN 978-7-5165-3960-6

Ⅰ．TP31

中国国家版本馆CIP数据核字第2024GC5646号

数据可视化技术与应用案例教程
Shuju Keshihua Jishu yu Yingyong Anli Jiaocheng

航空工业出版社出版发行
（北京市朝阳区京顺路 5 号曙光大厦 C 座四层　100028）
发行部电话：010-85672666　010-85672683　　读者服务热线：010-85672635

捷鹰印刷（天津）有限公司印刷	全国各地新华书店经销
2025 年 1 月第 1 版	2025 年 1 月第 1 次印刷
开本：787×1092　1/16	字数：268 千字
印张：13	定价：59.80 元

前言 PREFACE

使用数据可视化技术能够以图形化的方式展示抽象的数据，极大地提高数据的可读性，同时也便于人们更直观地理解和分析数据。随着数据可视化技术的不断发展，它在医疗、教育、电子商务、金融等领域发挥着越来越重要的作用，推动了社会进步与经济发展。

为帮助学生快速掌握数据可视化技术的知识和技能，进而具备数据可视化和分析能力，我们组织有丰富教学经验的高校教师和企业专家合作编写了本书。

本书特色

1. 春风化雨，立德树人

党的二十大报告指出："育人的根本在于立德。"本书积极贯彻党的二十大精神，始终坚持价值塑造、能力培养、知识传授"三位一体"的育人理念，将能够体现职业理想、职业道德、工匠精神、创新精神等的内容潜移默化地融入知识和技能教育，引导学生将个人价值实现与国家民族发展紧密相连，力求培养有担当、高素质、高水平的专业型人才。

2. 校企合作，协同育人

本书邀请相关企业专家参与案例设计和编写，结合企业对人才的实际要求，通过项目实施和项目实训将教学重心落在职业需要和岗位的实际应用上，充分发挥学校和企业各自在人才培养方面的优势，帮助学生实现从校园到企业的平稳过渡。

3. 全新形态，全新理念

本书遵循"理论够用，重在实践"的原则，循序渐进、深入浅出地介绍了数据可视化技术的相关知识，并且在每个项目的重难点部分精心设计了相关示例，让学生即学即练，帮助学生更好地理解和掌握相关知识。此外，本书还根据需要安排了"高手点拨""知识库""小提示"等栏目，适时提醒学生留意难点、疑点或关键点，强化学习效果。

4．资源升级，平台支撑

本书配有丰富的数字资源，读者可以借助手机或其他移动设备扫描二维码观看微课视频，也可以登录文旌综合教育平台"文旌课堂"查看和下载本书配套资源，如教学课件、素材与实例、项目考核答案等。读者在学习过程中有什么疑问，也可以登录该平台寻求帮助。

此外，本书还提供了在线题库，支持"教学作业，一键发布"，教师只需通过微信或"文旌课堂"App扫描扉页二维码，即可迅速选题、一键发布、智能批改，并查看学生的作业分析报告，提高教学效率，提升教学体验。学生可在线完成作业，巩固所学知识，提高学习效率。

本书编写队伍

本书由王春波担任主审，张璐璐、黄斌、王晖担任主编，张香村、丰大程、舒贵阳、陶旭东、李珺茹、曾建军、齐毅担任副主编。由于编者水平有限，书中可能存在疏漏或不妥之处，敬请各位读者批评指正。

特别说明

（1）在本书编写过程中，编者参考了大量资料，这些资料大部分已获授权，但由于部分资料来自网络，我们暂时无法联系到原作者。对此，我们深表歉意，并欢迎原作者随时与我们联系。

（2）本书所有案例中用到的人名等信息均为化名。

本书配套资源下载网址和联系方式

网址：https://www.wenjingketang.com
电话：400-117-9835
邮箱：book@wenjingketang.com

目录 CONTENTS

项目 1
数据可视化基础 1

项目导读 1
项目目标 1
项目准备 2
1.1 数据可视化概述 2
    1.1.1 数据可视化简介 2
    1.1.2 数据可视化的应用场景 3
1.2 数据可视化流程 7
1.3 数据可视化原则 9
1.4 数据可视化开发工具和语言 10
    1.4.1 数据可视化开发工具 10
    1.4.2 数据可视化开发语言 12
项目实施——分析数据可视化图表 13
项目实训 14
项目考核 15
项目评价 16

项目 2
数据可视化设计 18

项目导读 18
项目目标 18
项目准备 19
2.1 可视化元素 19
    2.1.1 可视化空间 19
    2.1.2 标记 20

2.1.3　视觉通道 …………………… 21
2.2　比较型数据可视化 …………………… 22
　　2.2.1　柱形图 ……………………… 23
　　2.2.2　条形图 ……………………… 23
　　2.2.3　雷达图 ……………………… 24
2.3　分布型数据可视化 …………………… 24
　　2.3.1　直方图 ……………………… 24
　　2.3.2　箱形图 ……………………… 25
2.4　关联型数据可视化 …………………… 25
　　2.4.1　散点图 ……………………… 26
　　2.4.2　气泡图 ……………………… 26
2.5　比例型数据可视化 …………………… 27
　　2.5.1　饼图 ………………………… 27
　　2.5.2　环形图 ……………………… 28
　　2.5.3　矩形树图 …………………… 28
2.6　时序型数据可视化 …………………… 29
　　2.6.1　折线图 ……………………… 29
　　2.6.2　面积图 ……………………… 29
　　2.6.3　日历图 ……………………… 30
2.7　文本型数据可视化 …………………… 30
　　2.7.1　词云图 ……………………… 30
　　2.7.2　关系图 ……………………… 31
2.8　地理空间型数据可视化 ……………… 31
　　2.8.1　统计地图 …………………… 32
　　2.8.2　地理热力图 ………………… 32
项目实施——使用 ChartCube 绘制
　　　　　简单的图表 ……………… 33
项目实训 …………………………………… 36
项目考核 …………………………………… 36
项目评价 …………………………………… 37

项目 3

Excel 数据可视化 ……………………………………………………………… 39

项目导读 …………………………………… 39
项目目标 …………………………………… 39
项目准备 …………………………………… 40
3.1　Excel 概述 …………………………… 40
　　3.1.1　Excel 的常用功能 …………… 40
　　3.1.2　Excel 的特点 ………………… 41
3.2　Excel 的工作界面 …………………… 41
3.3　Excel 中的图表 ……………………… 43
　　3.3.1　Excel 中常用的图表 ………… 43
　　3.3.2　Excel 中图表的组成元素 …… 44
3.4　Excel 数据可视化的基本流程 ……… 45
　　3.4.1　获取数据 …………………… 45
　　3.4.2　创建图表 …………………… 49
　　3.4.3　编辑图表 …………………… 52
项目实施——使用 Excel 实现公司部门
　　　　　支出数据可视化 ………… 56
项目实训 …………………………………… 64
项目考核 …………………………………… 65
项目评价 …………………………………… 66

项目 4
Tableau 数据可视化 ... 68

项目导读 68
项目目标 68
项目准备 69
4.1 Tableau 概述 69
    4.1.1 Tableau 的产品 69
    4.1.2 Tableau 的特点 70
    4.1.3 Tableau 中常用的图表 70
4.2 Tableau 的工作界面 71
    4.2.1 开始界面 71
    4.2.2 工作区界面 72
4.3 Tableau 数据可视化的
    基本流程 78
    4.3.1 连接数据源和管理数据 79
    4.3.2 制作工作表 81
    4.3.3 制作仪表板 87
    4.3.4 制作故事 90
    4.3.5 保存和导出工作成果 92
项目实施——使用 Tableau 实现某公司
              营销数据可视化 93
项目实训 104
项目考核 105
项目评价 106

项目 5
ECharts 数据可视化 ... 107

项目导读 107
项目目标 107
项目准备 108
5.1 ECharts 概述 108
    5.1.1 ECharts 的特点 108
    5.1.2 ECharts 中常用的图表 109
5.2 ECharts 数据可视化开发
    环境的搭建 109
    5.2.1 下载 ECharts 文件 109
    5.2.2 安装和使用 VS Code 110
5.3 ECharts 数据可视化的基本
    流程 113
5.4 ECharts 图表中的组件 115
    5.4.1 标题 115
    5.4.2 提示框 116
    5.4.3 图例 117
    5.4.4 网格 118
    5.4.5 坐标轴 118
    5.4.6 数据系列 120
    5.4.7 工具栏 121

5.5 使用 ECharts 绘制图表 ……… 122
    5.5.1 折线图与面积图 ………… 123
    5.5.2 柱形图与条形图 ………… 128
    5.5.3 饼图与环形图 …………… 132
    5.5.4 雷达图 …………………… 134
    5.5.5 散点图与气泡图 ………… 136
    5.5.6 仪表盘 …………………… 140
    5.5.7 热力图 …………………… 141
项目实施——使用 ECharts 实现某
    地区环境监测数据可
    视化 ………………………… 143
项目实训 ……………………………… 154
项目考核 ……………………………… 155
项目评价 ……………………………… 156

项目 6

Python 数据可视化　　　　　　　158

项目导读 ……………………………… 158
项目目标 ……………………………… 158
项目准备 ……………………………… 159
6.1 Python 概述 ……………………… 159
    6.1.1 Python 的特点 …………… 159
    6.1.2 Python 中常用的可视
          化库 ………………………… 160
6.2 Python 数据可视化开发环境
    的搭建 ……………………………… 161
    6.2.1 安装 Python ……………… 161
    6.2.2 安装和使用 PyCharm …… 162
6.3 Python 数据可视化的基本
    流程 ………………………………… 165
    6.3.1 导入库或模块 …………… 165
    6.3.2 准备数据 ………………… 166
    6.3.3 创建画布 ………………… 166
    6.3.4 绘制图表 ………………… 167
    6.3.5 设置图表元素 …………… 168
    6.3.6 设置图表样式 …………… 171
    6.3.7 显示图表 ………………… 172
    6.3.8 运行代码 ………………… 172
6.4 使用 Python 绘制图表 ………… 173
    6.4.1 折线图 …………………… 173
    6.4.2 面积图 …………………… 177
    6.4.3 柱形图 …………………… 179
    6.4.4 条形图 …………………… 181
    6.4.5 饼图 ……………………… 181
    6.4.6 散点图与气泡图 ………… 183
    6.4.7 直方图 …………………… 185
    6.4.8 箱形图 …………………… 187
    6.4.9 词云图 …………………… 187
项目实施——使用 Python 实现某
    点评网站美食店铺数
    据可视化 ………………… 190
项目实训 ……………………………… 195
项目考核 ……………………………… 196
项目评价 ……………………………… 197

项目 1

数据可视化基础

项目导读

随着大数据时代的到来,各行各业产生的数据呈爆炸式增长。为了从海量的数据中快速获取有价值的信息,人们越来越重视数据可视化。数据可视化借助图形化的手段将数据清晰、有效地呈现给人们,从而帮助人们快速理解和分析数据。本项目先介绍数据可视化的基础知识,然后分析数据可视化图表。

项目目标

- 知识目标
  - 了解数据可视化的概念和应用场景。
  - 了解数据可视化的流程和原则。
  - 熟悉常用的数据可视化开发工具和语言。
- 技能目标
  - 能够从不同的角度分析数据可视化图表。
- 素养目标
  - 养成独立思考、细心检查和精益求精的良好习惯。
  - 培养简化问题的思维方式,提高解决问题的能力。

 **项目准备**

全班学生以 3～5 人为一组进行分组，各组选出组长。组长组织组员扫码观看"数据可视化的发展历程及应用场景"视频，讨论并回答下列问题。

问题 1：简述数据可视化的发展历程。

数据可视化的发展
历程及应用场景

问题 2：列举数据可视化在生活中的应用场景（不少于 3 个）。

1.1 数据可视化概述

1.1.1 数据可视化简介

数据可视化是关于视觉表现形式的科学技术研究，它融合了计算机图形学、图像处理技术等多个学科的理论与方法。数据可视化借助图形或图像将数据直观、清晰地展示给人们，以便人们更直观、更深入地理解和分析数据中蕴含的信息和模式。数据可视化是人们理解数据、发现数据中蕴含价值的重要途径。

同时，数据可视化又是一门艺术，它需要在功能与美学之间达到一种平衡。这意味着，在进行数据可视化时，既要注重实现复杂的功能，挖掘数据背后蕴含的信息，又要注重美学形式，以绚丽多彩的图表呈现数据。

综上所述，数据可视化是科学技术与艺术的结合。数据可视化的图形展示如图 1-1 所示。

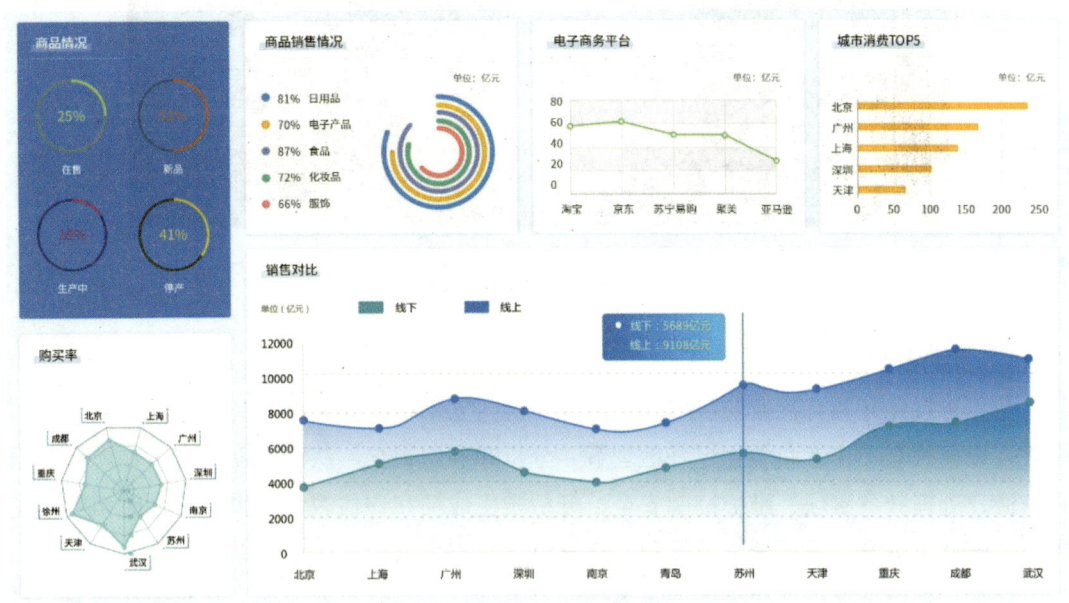

图 1-1　数据可视化的图形展示

1.1.2　数据可视化的应用场景

随着数据可视化技术的发展，其应用场景越来越广泛。下面介绍数据可视化的典型应用场景。

1. 智慧城市

一个城市运转的过程中会产生海量的、种类繁多的数据，包括城市交通数据、环境监测数据、公共服务数据、公共安全数据等。在智慧城市的建设和发展过程中，通过数据可视化可以图表的形式直观、形象地呈现这些数据，从而推动城市的可持续发展与智能化进程。

例如，使用数据可视化大屏直观地展示城市交通数据（见图 1-2），以便交通管理人员分析数据，制订更加科学的交通管理方案，提高交通管理效率，减少交通拥堵；使用数据可视化平台展示、监测和分析空气质量、水资源质量等环境数据，以便环境管理人员直观地了解城市的环境质量，从而有针对性地采取措施，有效进行环境管理；等等。

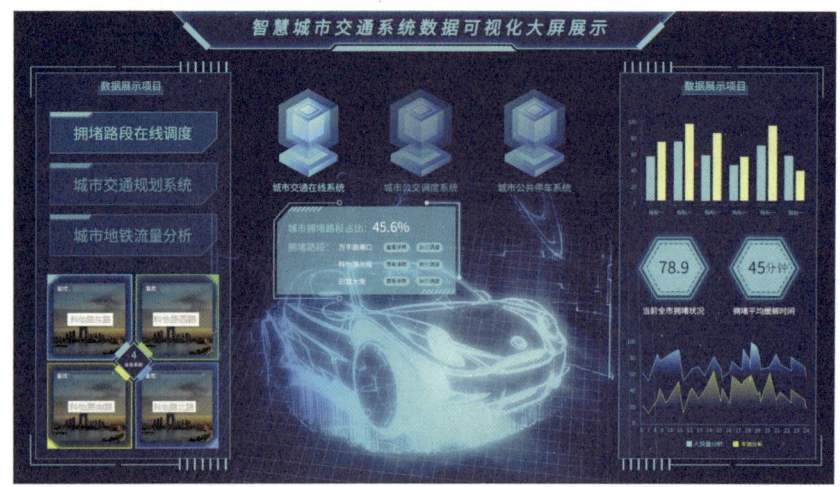

图 1-2 智慧城市交通系统数据可视化大屏展示

2. 教育行业

数据可视化在教育行业的应用场景日益广泛，它可以将复杂的教育数据转化为直观的图表，以便教育工作者和学生更好地理解、分析和利用数据，从而帮助教育工作者管理教育资源、处理教务事项、维护校园安全、分析学生成绩和评估教学效果等，同时帮助学生快速了解学习进度、分析学习成果和制订学习计划等。

例如，使用数据可视化大屏展示各环节办理情况、新生男女比例、宿舍入住情况、报名人数统计等（见图 1-3），学校可以直观地了解新生的报名情况，为招生工作提供有力支持；使用大数据平台展示人员进出、车辆管理等数据，学校可以实时维护校园安全；使用数据可视化平台实时展示学生的学习进度、作业完成情况等，教师可以及时发现学生的学习瓶颈，并采取具有针对性的辅导措施；等等。

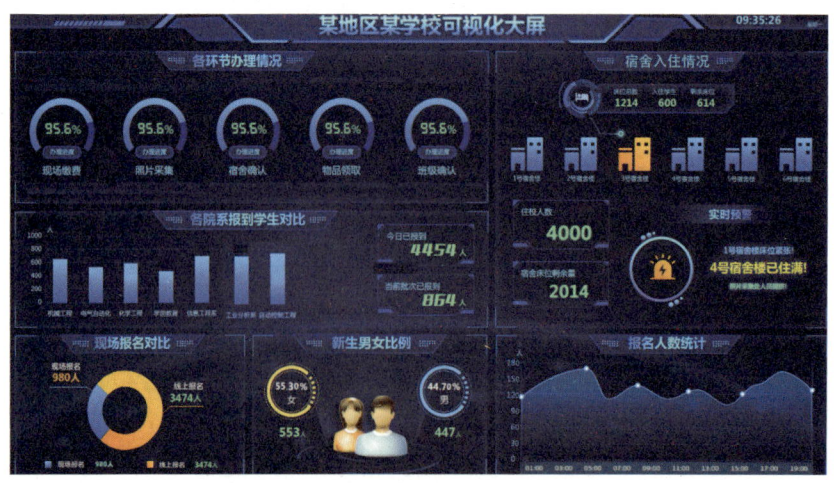

图 1-3 某地区某学校可视化大屏

3. 医疗健康

医疗健康平台会源源不断地产生大量且丰富多样的数据，如患者病历数据、医疗影像数据、临床检验数据、药物研发数据等。数据可视化可以将繁杂的医疗健康数据转化为清晰直观的图表，以便医疗从业者和患者理解、剖析和运用数据，进而帮助医疗从业者优化医疗资源配置、管理医疗事务、保障医疗安全、分析患者病情和评估医疗效果等，同时帮助患者清晰知晓自身健康状况、分析治疗成效和制订康复方案等。

例如，使用数据中心大屏展示医院门诊人次、住院人次、手术人次等数据（见图1-4），医院管理者可以快速掌握医院的运营情况，为医疗资源合理调配提供依据；使用大数据平台展示药品库存、医疗器械使用情况、医疗物资消耗情况等，能够帮助医院高效管理医疗物资，确保医疗服务顺利开展；通过数据可视化向患者展示其各项健康指标的变化趋势、治疗阶段成果等，患者能更好地了解自身健康状况，积极配合治疗并合理制订康复方案，提升治疗效果和康复质量；等等。

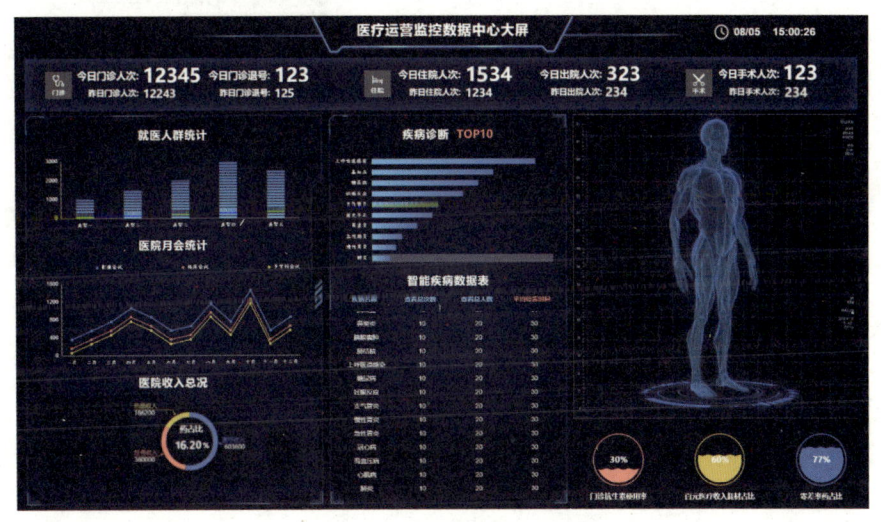

图1-4　医疗运营监控数据中心大屏

4. 商业管理

数据可视化在商业管理中的应用场景极为丰富，它能够把复杂的商业数据转化为清晰易懂的图表，帮助企业管理者、企业员工更高效地理解和分析数据，从而帮助企业优化资源配置、制订战略决策、管控运营风险、分析市场趋势和评估业务绩效等。

例如，使用数据可视化平台展示公司的客户数据，包括不同地区客户的销售额、按客户划分的销售额和利润、客户排名等（见图1-5），管理者可以直观地了解公司的客户信息，从而为优化客户方案提供依据；使用数据可视化平台展示财务收支情况、利润变化趋势、成本结构等，财务人员可以进行财务分析和风险预警，保障企业的财务健康；利用数据可视化手段对供应链数据(如库存数量、物流配送效率、运输成本等)进行呈现和分析,可以帮助企业优化供应链管理,降低运营成本,确保产品的及时供应;等等。

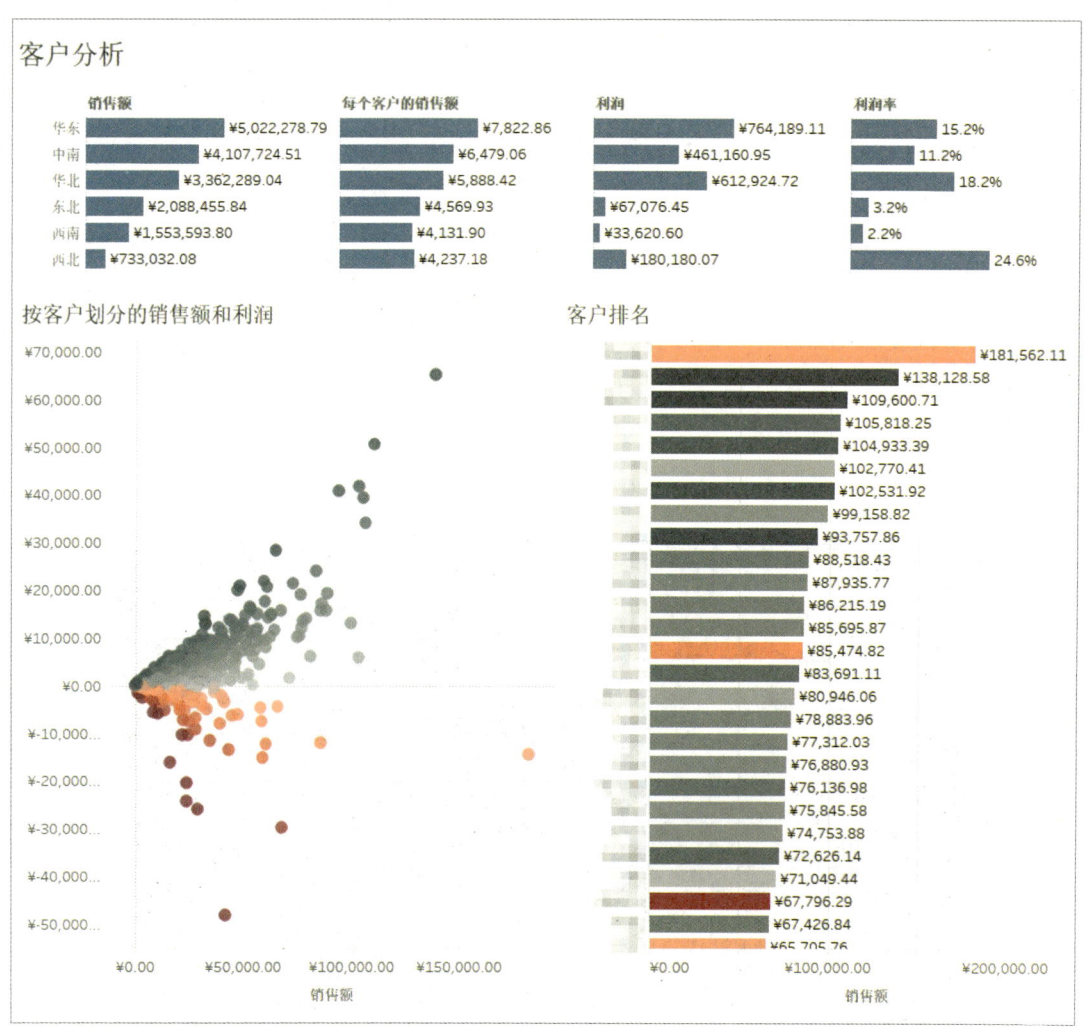

图 1-5 某公司客户数据分析

5. 社交媒体

随着社交媒体平台的普及和用户数量的增加,每天都会产生大量的社交媒体数据,如用户数据、互动行为数据、内容发布数据等。数据可视化能够将这些数据转化为直观的图表,帮助社交媒体平台运营者了解用户行为模式和兴趣分布情况等。

例如,使用数据可视化平台按照不同维度(如学历、地区等)展示用户数据(见图1-6),运营者可以直观地了解社交媒体平台的用户画像,从而为提升用户黏性提供决策依据;使用数据可视化平台展示社交平台数据,如热门话题的传播路径、内容的分享次数、点赞评论量等,运营者能够深入了解用户对不同类型内容的喜爱程度,从而优化内容推荐算法,提高内容传播效果;使用数据可视化平台展示用户的社交关系网络,包括好友数量、社交群组活跃度、粉丝分布等,运营者能够分析用户的社交行为模式,从而有针对性地优化社交功能,增强用户之间的互动性;等等。

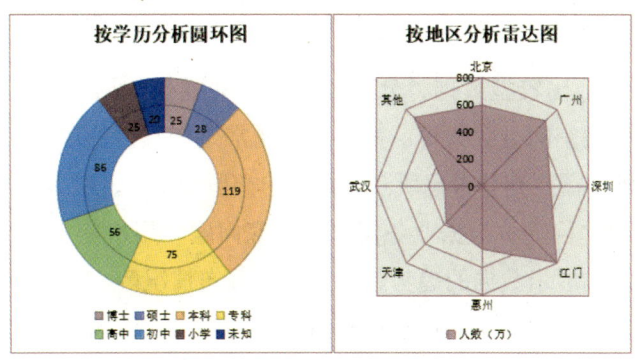

图1-6　社交媒体平台用户画像分析

1.2　数据可视化流程

数据可视化的流程大致可分为获取数据、确定可视化目标、可视化设计、选择可视化技术、可视化开发和可视化优化6个阶段,如图1-7所示。

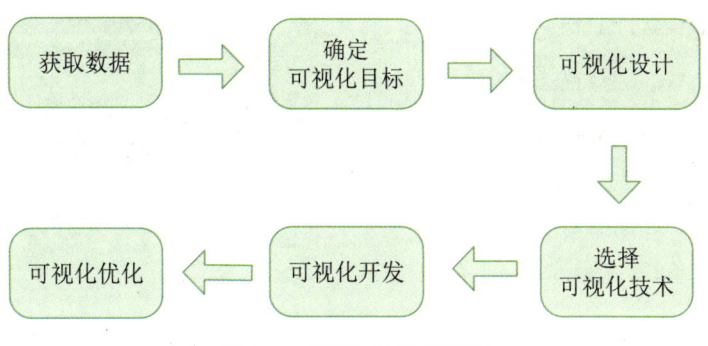

图1-7　数据可视化的流程

1. 获取数据

要进行数据可视化,首先要有数据。数据来源非常广泛,用户可以根据需要从企业的数据库、日志文件、电子表格、文档等中获取已授权的内部数据,如销售数据、财务数据、生产数据等;也可以根据需要从政府机构网站、数据平台、社交媒体平台等中获取公开的外部数据,如人口统计数据、气象数据、交通数据等。

数据的质量会影响数据可视化的效果。针对存在重复值、错误值、缺失值等问题的数据，用户需要在进行可视化之前对数据进行清洗、转换和格式化等预处理操作，以确保数据的完整性、有效性、准确性、一致性和可用性，从而提高数据的质量。

2. 确定可视化目标

数据类型通常包括比较型数据、分布型数据、关联型数据、比例型数据、时序型数据、文本型数据和地理空间型数据等；数据特征通常是指数据的规模、维度、分布等。在确定可视化目标阶段，需要充分考虑所获取数据的类型和特征，明确可视化的目的和受众。

（1）**明确可视化的目的**。根据业务需求、研究问题、用户需求、数据的类型和特征，明确可视化的目的，如展示数据的趋势、关联性、分布情况等，有助于明确可视化设计方向。例如，企业可能更关注产品销售趋势、用户行为模式或市场分布情况，研究机构可能更关注数据的潜在关联、异常情况或变化趋势等，设计者需要充分考虑多种因素，明确可视化的目的。

（2）**明确可视化的受众**。不同的受众群体对可视化的需求和理解能力存在差异，明确可视化的受众有助于选择合适的图表类型和可视化方式。

3. 可视化设计

根据数据类型、数据特征和可视化目标，进行具体的可视化设计，包括图表类型的选择、布局设计、可视化元素设计和交互设计等，如图 1-8 所示。在此阶段，可生成可视化设计方案，为后续的工作提供依据。

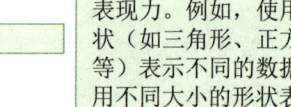

图 1-8　可视化设计

4. 选择可视化技术

根据可视化设计方案选择合适的数据可视化技术。数据可视化技术是一种通过图形、图表、图像等直观的视觉形式将抽象、复杂的数据呈现出来的方法和手段，通常可以分为开发工具（如 Excel、Tableau、ECharts）和开发语言（如 Python 语言和 R 语言）。当数据规模较小且数据维度较少时，适合使用 Excel 进行可视化开发；当数据规模较大、数据维度较多，且需要进行复杂的交互式分析时，适合使用 Tableau 进行可视化开发；当用户有编程基础，且需要进行复杂的交互式分析时，适合使用开发语言进行可视化开发。

5. 可视化开发

根据可视化设计方案使用合适的技术进行可视化开发，将数据信息转化成不同的图表。在可视化开发阶段，首先需要导入获取到的数据，然后根据设计方案创建图表，并设置图表的样式和属性等。

6. 可视化优化

可视化优化是指根据用户的反馈意见和实际需求对可视化效果进行调整和优化。可视化优化是一个持续的过程，需要不断地对可视化效果进行评估和优化，以确保可视化效果始终满足用户需求。

1.3 数据可视化原则

为了以清晰、准确、易于理解的方式将数据呈现给用户，在进行数据可视化时需要遵循以下原则。

1. 一致原则

在进行数据可视化时，应尽量保证风格的一致性，包括颜色搭配、字体样式、图表样式等的一致性。这有助于保持整体视觉的协调性，提高数据的可读性和用户的体验感。

2. 简洁原则

在进行数据可视化时，应始终遵循"少即是多"的理念，去除非必要的装饰元素，如复杂的边框、冗余的背景图案或色彩等，以确保图表清晰、直观。简洁的设计能够减少视觉干扰，使用户更容易聚焦数据本身。

3. 准确原则

在进行数据可视化时，图表的比例尺、坐标轴、标签和图例等必须能准确无误地反映数据的实际情况，避免任何形式的夸大、缩减或歪曲。此外，对于图表中的任何假设、估算或预测，都应明确标注，以免误导用户。

4. 交互原则

在进行数据可视化时，可以添加筛选、排序、放大、缩小、高亮显示等交互元素，以便用户根据自己的需求自由探索数据，发现隐藏在数据背后的信息。这种互动性不仅提高了数据可视化的效果和应用价值，还极大地增强了用户的参与感和体验感，使数据可视化成为一种更加生动、有趣的学习和交流方式。

5. 聚焦原则

在进行数据可视化时，可以利用视觉通道呈现的效果（如鲜明的颜色对比、不同大小或形状的数据点、动态效果等）突出显示关键数据或数据变化趋势，从而迅速抓住用户的眼球，引导他们深入理解数据的核心意义。此外，合理的布局也可以帮助用户轻松捕捉关键信息，如将重要数据放在图表的显眼位置。

1.4 数据可视化开发工具和语言

1.4.1 数据可视化开发工具

常用的数据可视化开发工具有 Excel、Tableau、ECharts 等。

1. Excel

Excel（见图 1-9）是微软公司推出的一款功能强大的电子表格软件，广泛应用于个人和企业的数据管理和分析。它拥有直观的用户界面和强大的计算能力，因此成为最受欢迎的数据处理工具之一。此外，Excel 还提供了丰富的图表工具，用户使用它可以轻松绘制各种数据可视化图表。Excel 的学习成本低，且易于上手，适合各个层次的用户。

2. Tableau

Tableau（见图 1-10）是一款流行的商业智能软件，主要用于实现数据可视化和数据分析。利用 Tableau 的操作界面，用户无需编写代码即可将数据转化为直观的图表。此外，

Tableau 的协作功能使得团队成员可以方便地共享和编辑可视化内容，提高工作效率。

3. ECharts

ECharts（见图 1-11）是一款基于 JavaScript（简称 JS）的数据可视化工具，用户使用它可以制作直观、生动、可交互、个性化的数据可视化图表。它提供了丰富的应用程序编程接口（application programming interface, API），用户可以灵活地定制各种图表样式和交互效果，以满足不同场景的需求。此外，ECharts 的官网上提供了各种示例，用户只需下载相应的 JS 文件，并对代码进行简单修改，就可以制作出各种各样的图表。

图 1-9　Excel　　　　　　　图 1-10　Tableau　　　　　　　图 1-11　ECharts

4. Power BI 和 FineBI

Power BI（见图 1-12）是一款商业智能软件，它能够将复杂的数据转化为直观、交互式的图表。此外，它还支持数据建模、实时分析和自定义开发。Power BI 不仅适合个人用户进行可视化报表制作，还能作为企业的分析和决策引擎。

FineBI（见图 1-13）与 Power BI 类似，是一款国产商业智能软件，它提供了多种类型的图表，并支持数据智能分析。

5. D3

D3（见图 1-14）是 data-driven documents 的简称，它是一种用于实现动态、交互式数据可视化的 JS 库。D3 也称 D3.js，它提供了丰富的 API 和功能，支持用户使用 HTML、CSS 等技术创建各种复杂的图表。

图 1-12　Power BI　　　　　　图 1-13　FineBI　　　　　　　图 1-14　D3

6. Infogram

Infogram（见图 1-15）是一款功能强大的在线数据可视化工具。它提供了直观的用户界面和丰富的模板库，以便用户快速创建各种类型的图表。Infogram 适用于商务数据分析、项目汇报等多种场景。

7. ChartCube

ChartCube（见图 1-16）是一款由阿里巴巴数据可视化团队推出的在线图表制作工具。它提供了折线图、柱形图、雷达图、饼图等多种图表类型，用户只需将本地数据导入 ChartCube，即可创建各种类型的图表。ChartCube 适用于日常工作汇报、业务数据展示等多种场景。

图 1-15　Infogram

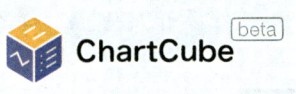

图 1-16　ChartCube

1.4.2　数据可视化开发语言

常用的数据可视化开发语言有 Python 语言和 R 语言等。

1. Python 语言

Python 是一种开源、简单易学、跨平台、可扩展的高级编程语言，它广泛应用于网络爬虫、数据分析、数据可视化、人工智能等多个领域。

Python 具有非常丰富的科学计算扩展库和可视化库，不仅可以绘制二维平面图表，还可以绘制三维立体图表。常用的 Python 可视化库有 matplotlib、seaborn、pyecharts、plotly、bokeh、ggplot 等。

> **素养之窗**
>
> 　　开源就是开放源代码，任何人都可以获取并使用软件的源代码。在开源社区中，来自世界各地的开发人员互相分享知识和经验，协作研发同一个项目，共同创造出高质量的软件。
> 　　正如开源已成为软件行业的必然趋势一样，开放合作也是这个世界的必然趋势。作为大学生，更要在学好专业课的同时，强化自己的合作意识和共享精神，为科技的不断发展尽自己的一份力量。

2. R 语言

R 语言是专为数据统计、数据分析和数据可视化而设计的高级编程语言。它提供了丰富的数学计算、统计分析和数据可视化功能，使得数据科学家、统计学家和研究者能够高效地进行数据处理、分析和可视化。R 语言的可视化包有 ggplot2、plotly、lattice 等。

项目实施 ——分析数据可视化图表

想要设计出优秀的数据可视化作品,需要先学会从不同的角度分析数据可视化图表的特点,这不仅有助于我们快速掌握数据可视化原则,还能激发我们的创新思维。

步骤1 查看数据可视化图表。选中并右击本书配套素材中的"素材与实例"/"项目1"/"项目实施"/"test.html"文件,在弹出的快捷菜单中选择"打开方式"选项,在展开的子菜单中选择一种浏览器(此处为"360安全浏览器"),使用浏览器打开网页文件,在页面中显示数据可视化图表,如图1-17所示。

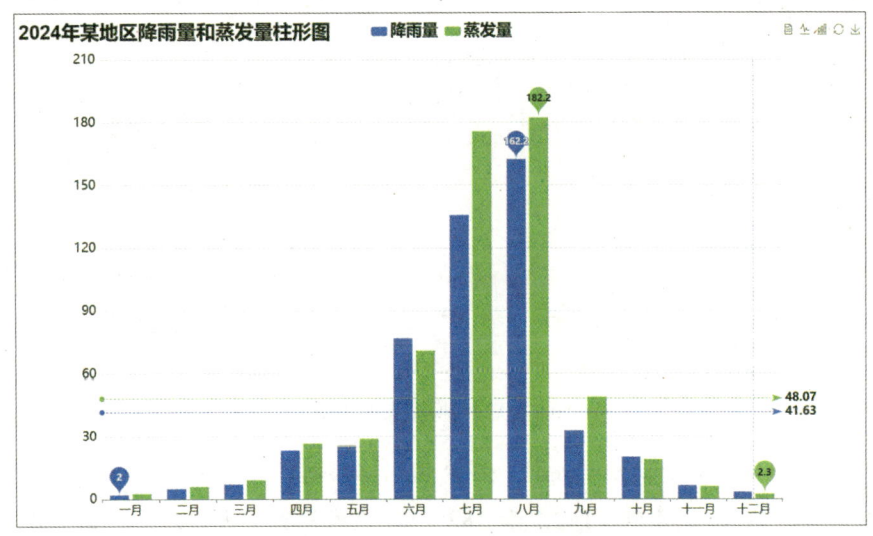

图1-17 数据可视化图表

步骤2 分析图表的风格。图表的颜色搭配以绿色和蓝色为主,整体风格清新、简约、一致。图表的风格特点从侧面体现开发人员在进行数据可视化时严格遵循一致原则。

步骤3 分析图表的设计。图表没有非必要的装饰元素,并且图表清晰、数据直观,整体设计简洁大方。图表的设计特点从侧面体现开发人员在进行数据可视化时严格遵循简洁原则。

步骤4 分析图表的交互性。将鼠标指针悬停在"八月"对应的数据上,可以显示该月份数据的详细信息,包括降雨量和蒸发量(见图1-18);单击图表右上角的"Switch to Line Chart"按钮,可以切换图表的类型(见图1-19);单击图表右上角的其他按钮,可以实现其他交互功能。图表的交互性特点从侧面体现开发人员在进行数据可视化时严格遵循交互原则。

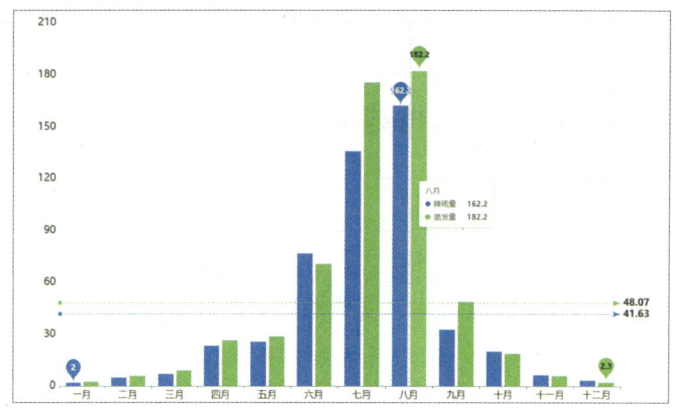

图 1-18　显示数据的详细信息

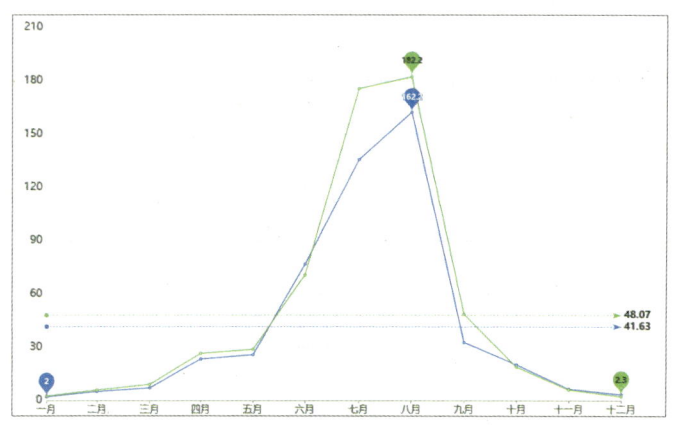

图 1-19　切换图表的类型

步骤5　分析图表的辅助元素设计。图表使用水滴状的元素突出显示降雨量和蒸发量的最小值（2 和 2.3）、最大值（162.2 和 182.2），使用带有箭头的虚线突出显示降雨量和蒸发量的平均值（41.63 和 48.07），帮助用户快速聚焦关键信息。图表的辅助元素设计特点从侧面体现开发人员在进行数据可视化时严格遵循聚焦原则。

项目实训

1. 实训目的

（1）学会分析数据可视化图表。
（2）熟悉数据可视化的原则。

2. 实训内容

请访问 ECharts 官网的示例页面（https://echarts.apache.org/examples/zh/index.html），如图 1-20 所示。在示例页面中选择一个示例图表，并从不同的角度分析该示例图表。

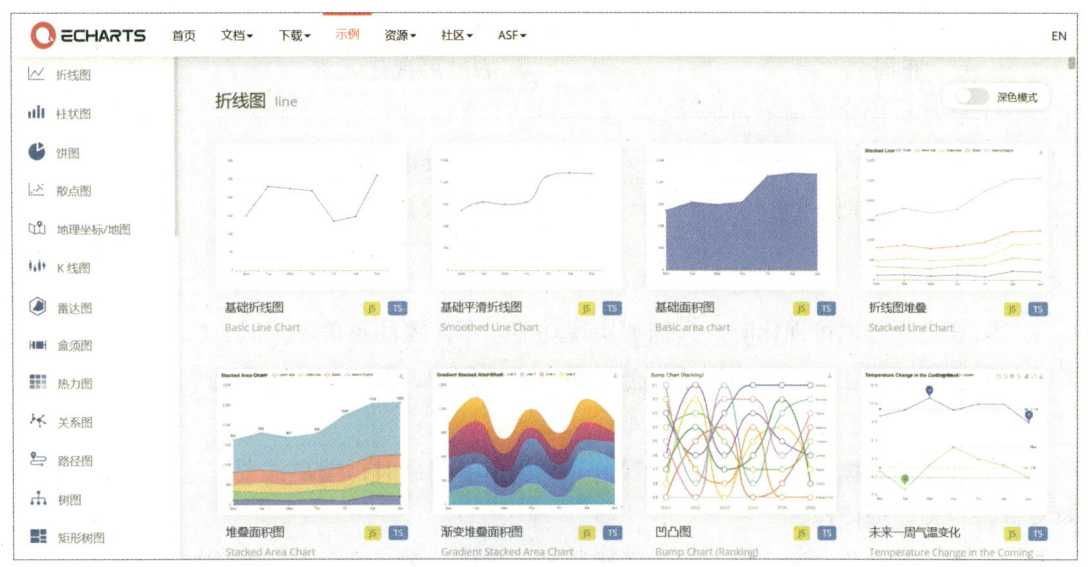

图 1-20　ECharts 官网的示例页面

（1）指出示例图表的不同特点。

（2）指出开发人员在进行数据可视化时遵循的数据可视化原则。

项目考核

1. 选择题

（1）（　　）是关于视觉表现形式的科学技术研究。

　　A．数据可视化　　　　　　　　　B．数据预处理

　　C．数据存储　　　　　　　　　　D．数据分析

（2）数据可视化流程不包括（　　）。

　　A．可视化设计　　　　　　　　　B．可视化开发

　　C．可视化软件开发　　　　　　　D．获取数据

(3) 在确定可视化目标阶段，不需要（　　）。
　　A．考虑数据类型　　　　　　　B．明确可视化的受众
　　C．明确可视化的目的　　　　　D．选择可视化技术
(4) 在可视化设计阶段，通常不需要对（　　）进行设计。
　　A．交互　　　　　　　　　　　B．数据类型
　　C．布局　　　　　　　　　　　D．可视化元素
(5) 数据可视化原则不包括（　　）。
　　A．一致原则　　　　　　　　　B．准确原则
　　C．复杂原则　　　　　　　　　D．聚焦原则

2. 判断题

(1) 在进行数据可视化时，只需要实现功能，不需要注重美学形式。（　　）
(2) 数据可视化已广泛应用于智慧城市、教育行业、医疗健康、商业管理、社交媒体等场景。（　　）
(3) 获取的数据存在重复值、错误值、缺失值等问题时，用户需要在进行可视化之前对数据进行预处理操作。（　　）
(4) 利用可视化空间、标记和视觉通道等可视化元素可以增强图表的表现力。（　　）
(5) 在进行数据可视化时，不支持用户根据自己的需求自由探索数据。（　　）

项目评价

请学生结合本项目的学习情况，对学习成果进行自评和互评（组内成员相互评分），请指导教师进行师评和总评，并将评价结果填入表 1-1 中。

表 1-1　学习成果评价表

评价项目	评价内容	评价分数			
		分值	自评	互评	师评
项目完成度（20%）	项目准备阶段，回答问题清晰准确，紧扣主题，没有明显错误	5分			
	项目实施阶段，根据操作步骤完成实施内容	5分			
	项目实训阶段，出色地完成实训内容	5分			
	项目考核阶段，完成考核题目	5分			

续表

评价项目	评价内容	评价分数			
		分值	自评	互评	师评
知识（35%）	数据可视化的概念和应用场景	10 分			
	数据可视化的流程和原则	15 分			
	常用的数据可视化开发工具和语言	10 分			
技能（35%）	从不同的角度分析数据可视化图表	35 分			
素养（10%）	养成独立思考、细心检查和精益求精的良好习惯	5 分			
	培养简化问题的思维方式，提高解决问题的能力	5 分			
合计		100 分			
总评	综合得分：_____ 综合等级：_____	指导教师签字：_____			

注：综合得分可按照"自评（25%）+互评（25%）+师评（50%）"进行计算；综合等级可以"优"（综合得分≥90分）、"良"（80分≤综合得分＜90分）、"中"（60分≤综合得分＜80分）、"差"（综合得分＜60分）为标准进行评价。

项目 2 数据可视化设计

项目导读

数据可视化设计是指利用丰富的可视化元素和多样的图表对数据可视化的呈现效果进行设计。在设计的过程中,设计者不仅需要深刻理解数据的本质、特征及内在关系,同时还需要巧妙地运用不同的可视化元素和图表,确保以最合适的方式将数据信息呈现给用户。本项目先介绍数据可视化设计的相关知识,然后使用 ChartCube 绘制简单的图表。

项目目标

◎ 知识目标
- 熟悉常用的可视化元素。
- 掌握不同类型数据的可视化方法。

◎ 技能目标
- 能够合理使用不同的可视化元素进行数据可视化设计。
- 能够根据数据的类型选择合适的图表。
- 能够使用在线数据可视化工具绘制简单的图表。

◎ 素养目标
- 提升选择合适方法解决不同问题的能力。
- 加强自身的艺术修养,不断提升审美能力和设计能力。

 **项目准备**

全班学生以3~5人为一组进行分组,各组选出组长。组长组织组员扫码观看"常见的图表类型"视频,讨论并回答下列问题。

问题1：可视化元素由哪些部分组成？

常见的图表类型

问题2：日常生活中常见的图表类型有哪些？

2.1 可视化元素

可视化元素是数据可视化设计的"原材料",使用可视化元素不仅可以组合成不同的图表,还可以进一步丰富和增强数据表达的效果。可视化元素主要包括可视化空间、标记和视觉通道3部分。

2.1.1 可视化空间

可视化空间是数据可视化的载体,它提供了数据展示的背景和框架。可视化空间通常是二维的(见图2-1),表示在平面上展示数据的分布情况和变化趋势等;也可以是三维的(见图2-2),表示在立体空间内展示数据的多维信息和空间关系等。

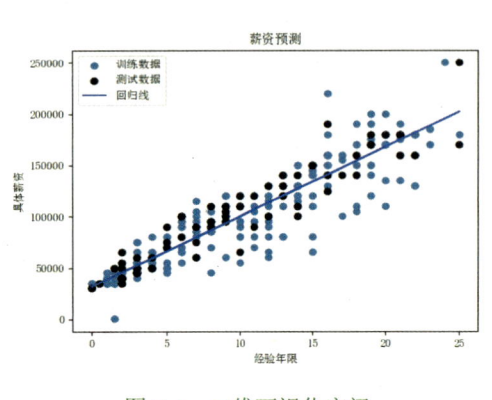
图 2-1　二维可视化空间

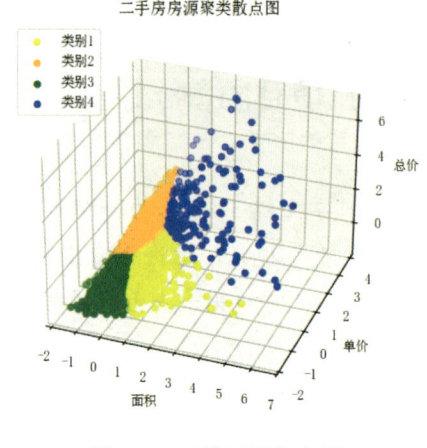
图 2-2　三维可视化空间

2.1.2　标记

标记是数据可视化中用于表示数据属性的几何图形元素。根据空间自由度的不同，可将标记分为点、线、面、体 4 种类型，如图 2-3 所示。它们分别具有零维、一维、二维和三维自由度。

图 2-3　标记类型示例

数据可视化图表根据其自身特点使用不同的标记类型。例如，常见的散点图使用点作为标记，折线图使用线作为标记，面积图使用面作为标记，三维柱形图使用体作为标记，如图 2-4 所示。

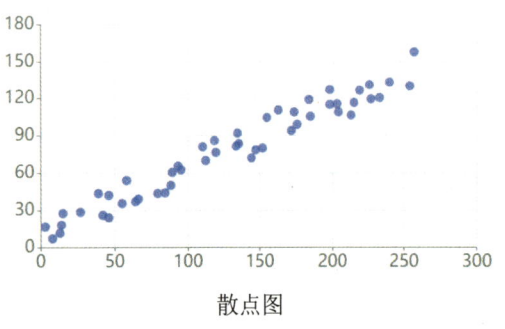
散点图

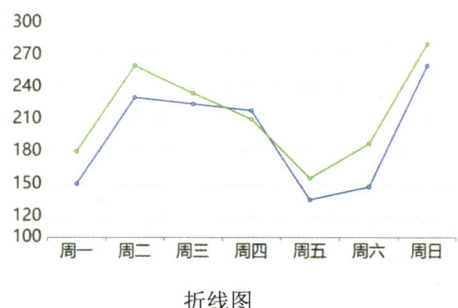
折线图

项目 2　数据可视化设计

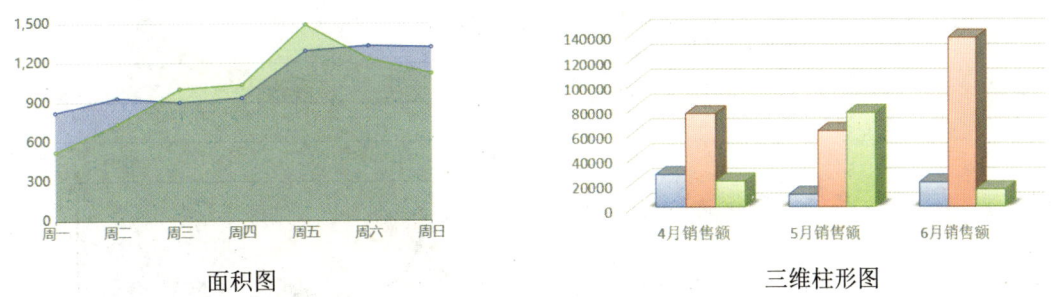

面积图　　　　　　　　　　　　　三维柱形图

图 2-4　不同标记在图表中的应用

2.1.3　视觉通道

视觉通道的主要作用是为标记提供视觉特征，以便开发者将数据属性（如数值、分类等）映射到具有不同视觉特征（如形状、大小、颜色等）的标记上，从而帮助用户快速理解数据背后的含义。例如，将不同的产品类别映射到不同形状的标记上；将销售额数据映射到不同大小的标记上；将不同的销售区域映射到不同颜色的标记上；等等。

常用的视觉通道包括位置、形状、大小、纹理、颜色、透明度等。

（1）**位置**。位置主要用于表示数据点在可视化空间中的具体位置。将数据点按照特定的逻辑分布在图表的坐标系中，能够帮助用户快速了解数据值的大小、分析数据之间的关系等。例如，位置接近的数据点可以划分为一类，如图 2-5 所示。

（2）**形状**。形状可以用于区分不同类别的数据点。使用不同的形状（如方形、三角形、圆形等）可以在同一个图表中展示多个类别的数据点，从而帮助用户快速识别和比较不同类别的数据，如图 2-6 所示。

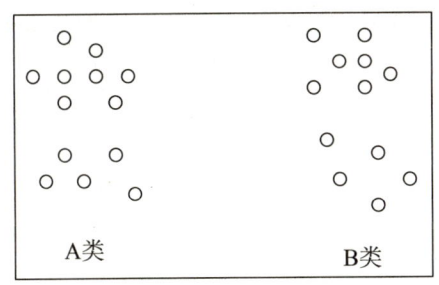　　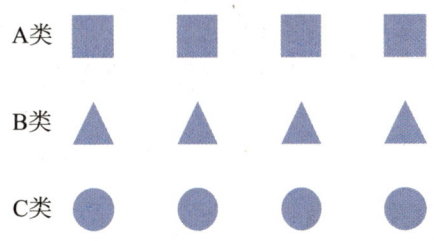

图 2-5　按位置划分数据　　　　　图 2-6　使用形状表示数据类别

（3）**大小**。通常使用标记的大小（如线条的长度、矩形的面积、长方体的体积等）表示数据值的大小。

（4）**纹理**。纹理是指物体表面或内部的图案、结构或质感。纹理可用于区分不同的数据区域或类别（见图 2-7）；也可以在地图中表示不同的地形或地貌。

（5）**颜色**。颜色包含色相、饱和度和明度 3 个基本属性，如图 2-8 所示。

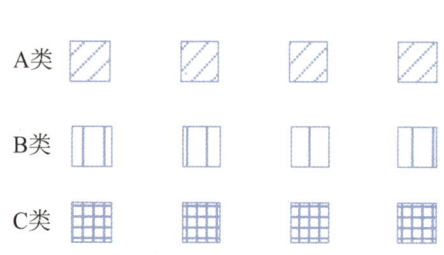
图 2-7 使用纹理区分数据

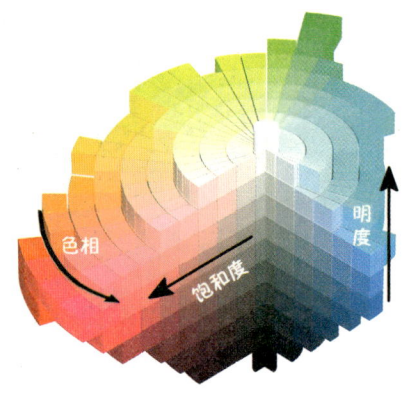
图 2-8 颜色的基本属性

① 色相。它表示颜色的种类，如蓝色、红色、黄色等，它可用于区分数据的类别。

② 饱和度（纯度）。它表示颜色的鲜艳程度。饱和度越高，颜色越鲜艳；饱和度越低，颜色越暗淡。饱和度可用于表示数据的数值大小和重要程度。例如，使用饱和度表示数据值的大小，饱和度越高，表示数据值越大；饱和度越低，表示数据值越小。

③ 明度。它表示颜色的明暗程度。明度越高，颜色越亮，越接近白色；明度越低，颜色越暗，越接近黑色。明度可用于表示数据的数值大小和重要程度。例如，使用明度表示数据的重要程度，明度越高，表示数据越重要；明度越低，表示数据越不重要。

> **高手点拨**
>
> 标记的尺寸较大时，适合用低饱和度的颜色填充；标记的尺寸较小时，适合用高饱和度的颜色填充。

（6）**透明度**。使用透明度可以调整图表中不同数据组的透明程度，从而清晰地呈现数据的叠加情况或重要程度。例如，在数据组重叠的图表中，可以设置不同数据组的透明度，防止某些数据组覆盖其他数据组，以便用户更好地观察重叠的数据。

2.2 比较型数据可视化

比较型数据主要是指可以按照类别或组进行差异比较的数据，常用于帮助用户分析和评估数据的差异，从而发现数据的差异性、相似性和变化趋势等。常见的比较型数据有销售额、产量、客户数量等，用户可以按照不同时间段或不同地区对这些数据进行比较。

在进行可视化设计时，通常选用柱形图、条形图和雷达图等图表展示比较型数据。

2.2.1 柱形图

柱形图是一种使用柱形来展示不同类别或组之间数据差异的图表，一般用 X 轴表示数据所属的类别，用 Y 轴表示数据的值，用柱形（垂直放置的矩形）的高度表示数据值的大小。常见的柱形图有簇状柱形图、堆积柱形图等，如图 2-9 所示。其中，簇状柱形图使用一个或多个柱形表示每个类别的细分数据；堆积柱形图使用堆叠的柱形表示每个类别的细分数据和总和。

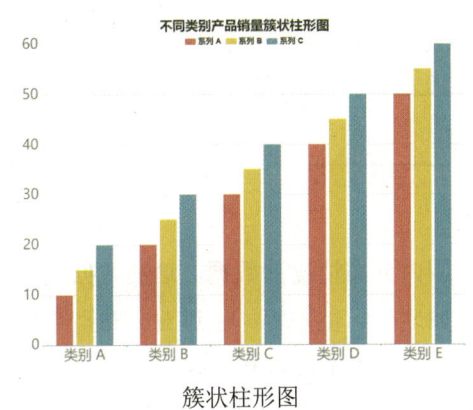
簇状柱形图

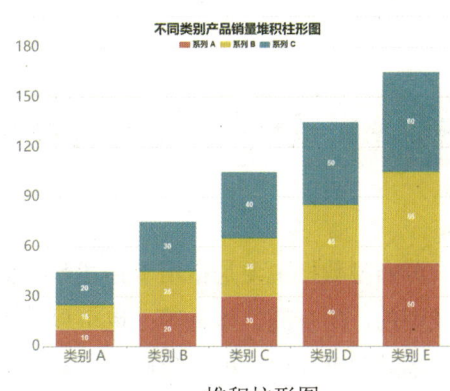
堆积柱形图

图 2-9　柱形图

2.2.2 条形图

条形图与柱形图类似，只是条形图一般用 X 轴表示数据的值，用 Y 轴表示数据所属的类别，用条形（水平放置的矩形）的长度表示数据值的大小。常见的条形图有簇状条形图、堆积条形图等，如图 2-10 所示。相较于柱形图，条形图能更方便、美观地展示较多类别的数据和较长的类别名称。

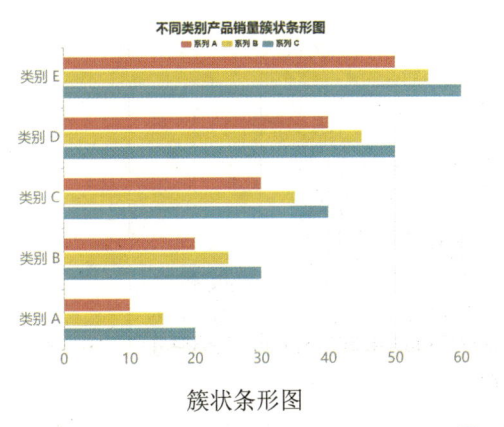
簇状条形图

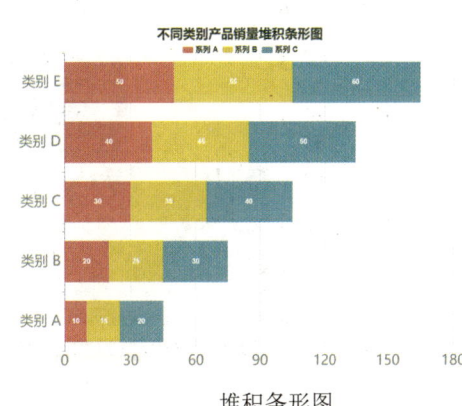
堆积条形图

图 2-10　条形图

2.2.3 雷达图

雷达图是一种用于展示多变量（维度）数据的图表。雷达图通常由多条从中心向外辐射的轴线组成，每条轴线代表一个变量，连接各轴线上的取值形成一个多边形区域，该区域的形状和大小可以反映对象（如某员工）在不同变量（如管理能力、业务能力、组织能力等）上的情况，如图2-11所示。

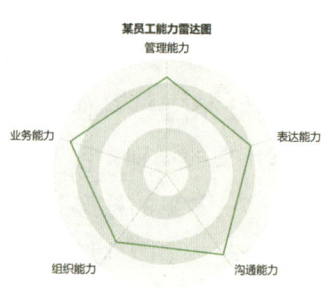

图2-11 雷达图

2.3 分布型数据可视化

分布型数据主要是指用于描述数据值在某个范围内分布情况的数据。这类数据可以是连续型的，如身高、体重等；也可以是离散型的，如地区、性别等。通过对分布型数据的统计描述和可视化分析，我们能够洞察数据的离散程度、集中趋势和分布形态等。

在进行可视化设计时，通常选用直方图和箱形图等图表展示分布型数据。

2.3.1 直方图

直方图是一种将数据的值划分为若干个等宽、不重叠的区间（桶），并统计每个区间内数据数量或分布概率的图表，一般用X轴表示数据所属的区间，用Y轴表示数据的分布情况，如图2-12所示。

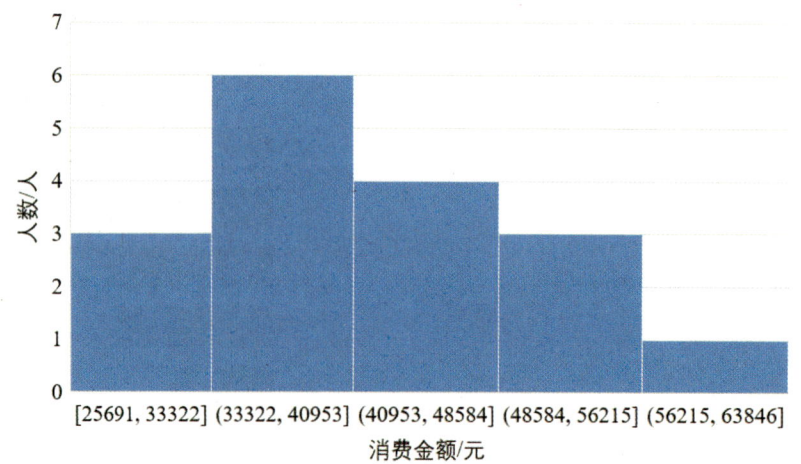

图2-12 直方图

直方图不仅可以表示各区间内数据数量的分布情况，如不同成绩区间的学生数量分布情况、不同年龄区间的员工数量分布情况等；还可以展示数据的集中趋势和离散程度，如使用直方图的峰值反映员工的年龄集中趋势。

2.3.2 箱形图

箱形图可以显示一组数据的上限值、下限值、中位数、上四分位数和下四分位数等统计指标，还可以利用上限值和下限值检测异常值，任何高于上限值或低于下限值的数据都可以认为是异常值，如图 2-13 所示。

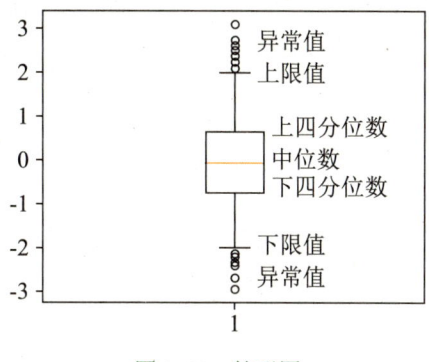

图 2-13 箱形图

在箱形图中，中位数为二分位数，是数据从小到大排序时位于中间位置的数值；上四分位数为 Q_3，表示所有数据中只有 1/4 的数值大于 Q_3，即数据从小到大排序时 Q_3 位于 75% 处；下四分位数为 Q_1，表示所有数据中只有 1/4 的数值小于 Q_1，即数据从小到大排序时 Q_1 位于 25% 处；上限值是非异常值中的最大值，常利用 $Q_3 + 1.5 \times \text{IQR}$ 计算得到；下限值是非异常值中的最小值，常利用 $Q_1 - 1.5 \times \text{IQR}$ 计算得到。其中，IQR 是指上四分位数与下四分位数的差值，即 $\text{IQR} = Q_3 - Q_1$；1.5 是计算上限值和下限值时常用的系数，但在不同的领域和应用中，可以根据具体需求调整该系数。

箱形图不受异常值的影响，能够以一种相对稳定的方式真实、直观地展示数据的分布情况。箱形图常应用于数据分布情况分析、多组数据比较、服务质量评估、风险监测等场景。

2.4 关联型数据可视化

关联型数据主要是指数据之间存在某种关系的数据集合，如身高和体重、温度和袜子的销量、客户满意度和客户投诉率等。关联型数据广泛存在于不同领域（如电子商务、社交网络等），分析和研究不同数据之间的相关性，可以发现隐藏在数据中的有效信息，为决策提供有力的支持，从而推动各领域的发展。

数据之间的相关性有强弱之分，相关性强时，一个数据发生变化，另一个数据会随之发生明显变化；相关性弱时，一个数据发生变化，另一个数据只会发生微弱变化。利用数据的相关性，我们可以根据一个已知数据的变化来预测另一个数据的变化。

在进行可视化设计时，通常选用散点图和气泡图等图表展示关联型数据。

2.4.1 散点图

散点图是一种在二维坐标系中展示两个变量之间关系的图表，一般用 X 轴表示自变量，用 Y 轴表示因变量，用坐标点的形式表示变量对应的数据。不同相关性的散点图如图 2-14 所示。

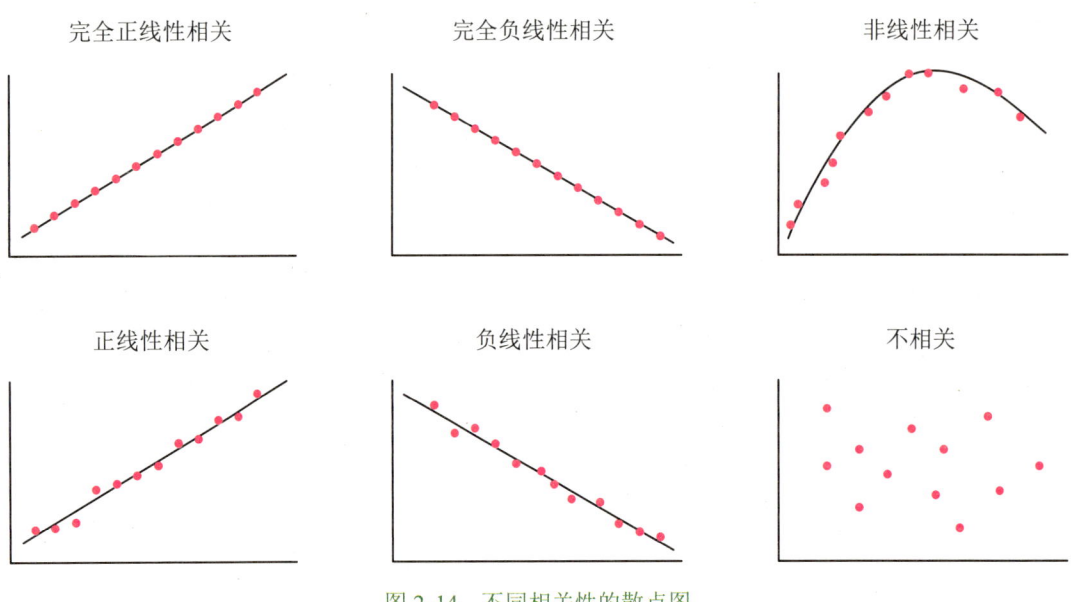

图 2-14 不同相关性的散点图

2.4.2 气泡图

气泡图是一种用于展示 3 个变量之间关系的图表，它在散点图的基础上增加了一个变量，并利用气泡的大小表示第 3 个变量的值，气泡越大，代表变量的值越大，如图 2-15 所示。此外，气泡的颜色或其他可视属性可以代表附加信息，如数据的类别或重要程度等。

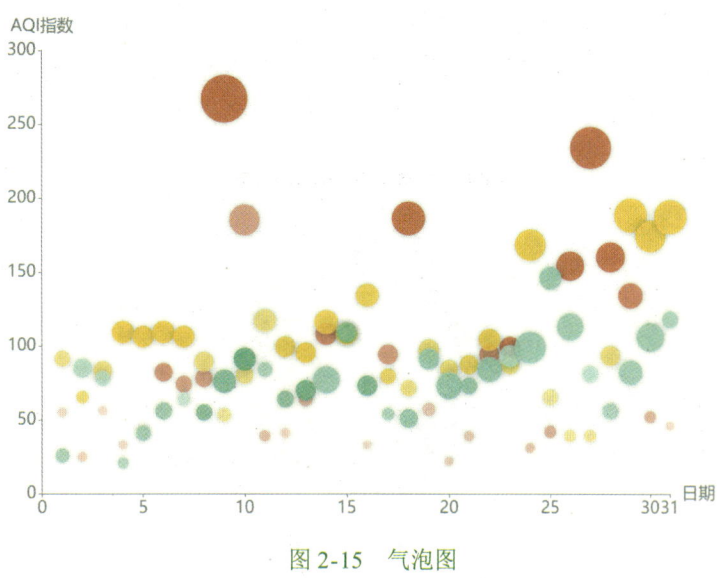

图 2-15　气泡图

2.5 比例型数据可视化

比例型数据主要是指可以用来分析不同类别或组在整体中占比的数据。这类数据具有明显的相对性和可比性，更容易比较和分析各类别或组在整体中占比的大小和相对差异。

在进行可视化设计时，通常选用饼图、环形图和矩形树图等图表展示比例型数据。

2.5.1　饼图

饼图是一种基于圆形的图表，它用不同的扇形表示每个类别或组在整体中的占比，每个扇形的大小与对应类别或组在整体中的占比成正比，如图 2-16 所示。

饼图直观、易懂，用户可以通过观察扇形的个数和大小，了解数据的组成和比例关系。

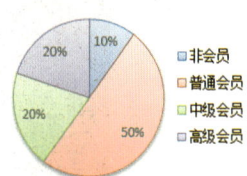

图 2-16　饼图

> 🔔 **小提示**
>
> 饼图展示的数据类别或组数量不宜过多，如果数量过多，饼图将难以直观地呈现各部分的相对大小，而且不利于用户理解图表。

27

2.5.2　环形图

环形图与饼图类似，可以看作特殊的饼图，它由一个空白的中心圆和多个环形区域组成，每个环形区域的大小表示该类别或组数据在整体中的占比，如图2-17所示。

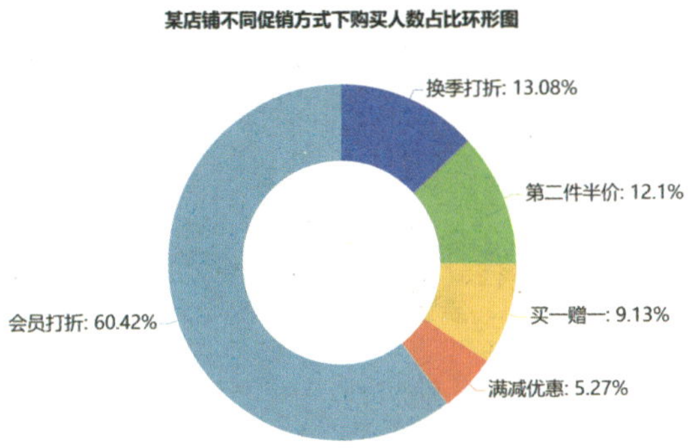

图2-17　环形图

环形图通常比饼图更清晰、美观，这是因为环形图的中心圆不仅可以用来显示额外信息，还可以减少相连扇形区域带来的视觉干扰。

2.5.3　矩形树图

矩形树图是一种用多组矩形来展示数据占比情况和层次关系的图表。在矩形树图中，每个矩形代表一个数据项，矩形的大小表示数据项的占比，矩形的颜色表示数据项的层级关系，相同颜色的矩形属于同一层级，如图2-18所示。

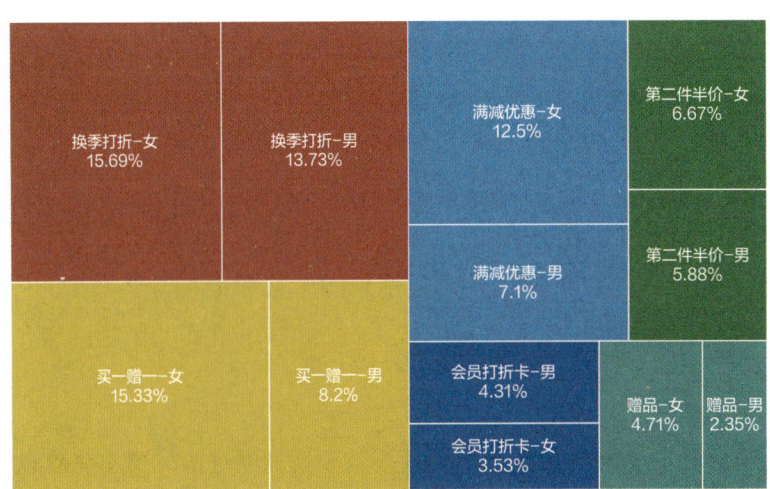

图2-18　矩形树图

2.6 时序型数据可视化

时序型数据是指按照时间排序的数据,如每年不同季度的销售额、每天的气象数据等。时序型数据通常可以反映一个或多个变量随时间变化的情况。对时序型数据进行可视化可以清晰、直观地呈现数据的变化趋势和分布规律,帮助用户更好地进行趋势分析、周期性分析和时间序列预测等,从而做出更准确的预测和决策。

在进行可视化设计时,通常选用折线图、面积图和日历图等图表展示时序型数据。

2.6.1 折线图

折线图是一种使用线条将数据点按照顺序连接起来的图表,一般用 X 轴表示时间,用 Y 轴表示对应的值,如图 2-19 所示。

折线图可以使用标记或注释突出显示各时间点对应的数据值;还可以使用不同颜色或线型的线条区分不同序列数据。折线图常应用于金融数据分析、股票市场走势、气象数据展示等场景。

2.6.2 面积图

面积图与折线图类似,只是面积图会在折线与 X 轴之间的区域填充颜色,以更好地展示数据的相对大小,如图 2-20 所示。相较于折线图,面积图不仅可以展示多个序列数据之间的相对大小和变化趋势,还增强了视觉层次感。

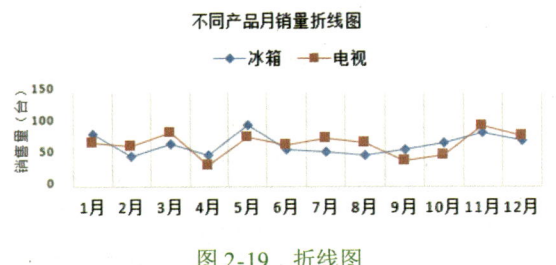

图 2-19 折线图　　　　　　　图 2-20 面积图

> **小提示**
>
> 面积图的填充颜色应具有一定的透明度,否则不同序列数据之间的相互遮挡会影响图表的呈现效果。

2.6.3 日历图

日历图以日历的形式展示数据，图中的每个小方格代表一个日期（通常代表天），小方格的颜色表示该日期对应数据的类别或大小，如图 2-21 所示。

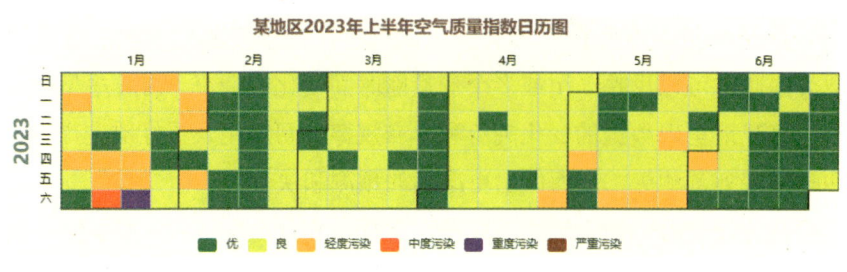

图 2-21　日历图

日历图不仅可以展示按天、周、月、季度或年记录的时序型数据，帮助用户分析数据变化的趋势和时间规律；还可以呈现各种会议、培训、活动、任务等的时间安排和进度状态等，帮助用户更好地规划和安排时间。

2.7　文本型数据可视化

文本型数据主要是指以文字形式呈现的数据，如文档、电子邮件、社交媒体帖子、网页内容等。文本型数据具有多样性、主观性、非结构化等特点，对这类数据进行可视化可以帮助用户快速理解大量文本信息的主要内容和情感倾向等。

在进行可视化设计时，通常选用词云图和关系图等图表展示文本型数据。

2.7.1　词云图

词云图是一种用不同的字体大小和颜色展示文本数据中词语的出现频率和重要程度的图表，如图 2-22 所示。一般情况下，词语的字体越大，颜色越深，说明该词语在文本数据中的出现频率越高，同时也越重要。

词云图简洁明了、易于理解，可以帮助用户快速了解文本数据的主题和重点。词云图常应用于舆情分析、商品评价分析、品牌宣传等场景。

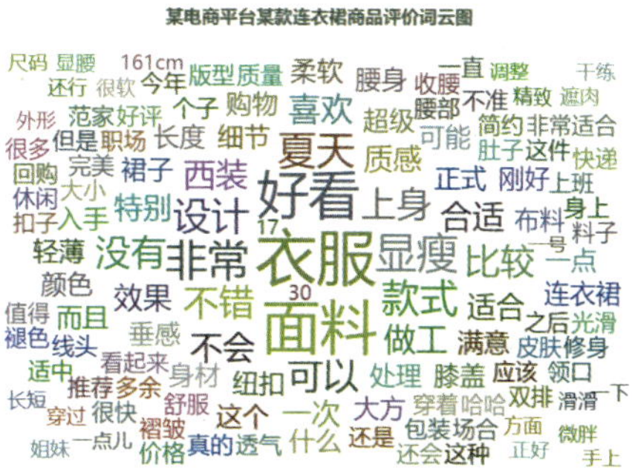

图 2-22　词云图

2.7.2 关系图

关系图是一种用于展示实体或对象之间关系的图表，它由节点和边组成，节点表示实体或对象，边表示实体或对象之间的关系，如图 2-23 所示。关系图包括有向图和无向图，有向图表示关系具有方向性，无向图表示关系没有方向性。

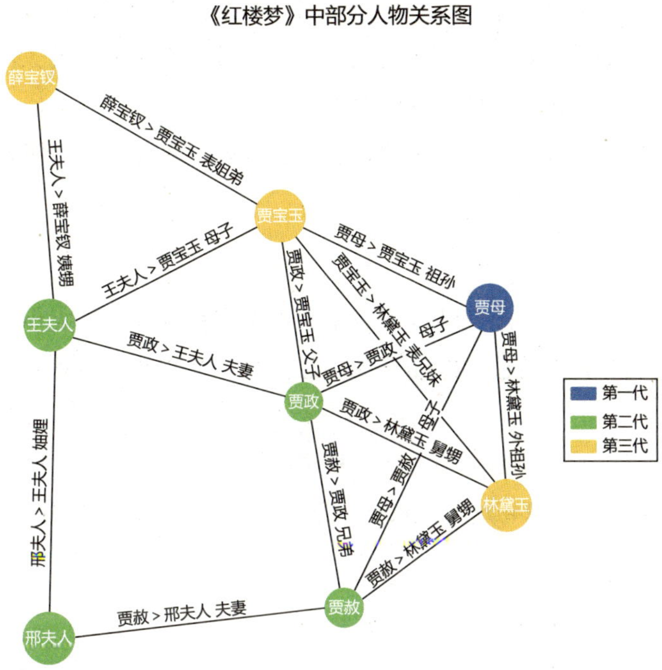

《红楼梦》中部分人物关系图

图 2-23　关系图

关系图可以帮助用户理解和分析数据中的复杂关系，发现其中隐藏的模式和规律，从而预测趋势、辅助决策等。关系图常应用于人物关系网络分析、社交网络分析、交通网络分析、供应链网络分析等场景。

2.8 地理空间型数据可视化

地理空间型数据主要是指与地理位置相关的数据，如某城市各行政区人口、国内各城市气象数据等。地理空间型数据通常包含地理位置信息和属性信息。其中，地理位置信息主要是指地理区域或位置的名称、地理坐标数据（包括经度和纬度）等；属性信息主要是指数量或分类等。

在地图上对地理空间型数据进行可视化和分析，可以帮助用户更好地理解和分析数据的空间分布情况，发现其中隐藏的模式和规律，从而为决策提供科学依据。

在进行可视化设计时，通常选用统计地图和地理热力图等图表展示地理空间型数据。

2.8.1 统计地图

统计地图是一种将统计数据与地理位置信息相结合的图表，它可以在地图上直观地展示不同地理区域对应的统计数据，并支持使用不同的颜色表示数据的大小，以便用户掌握数据的空间分布情况，比较不同地理区域数据的差异。

统计地图常应用于人口统计、经济统计、环境统计、教育统计、健康统计等场景。

2.8.2 地理热力图

热力图是一种利用颜色的渐变情况来表示数据密集程度或数值大小的图表，颜色由冷色调（如绿色、蓝色等）向暖色调（如黄色、红色等）渐变的效果越明显，表示数据越密集或数值越大。

地理热力图是将热力图与地图结合起来形成的图表，用于展示数据在地理空间上的密集程度和分布情况，如图 2-24 所示。地理热力图常应用于交通拥堵分析、商业热点分析、犯罪热点分析等场景。

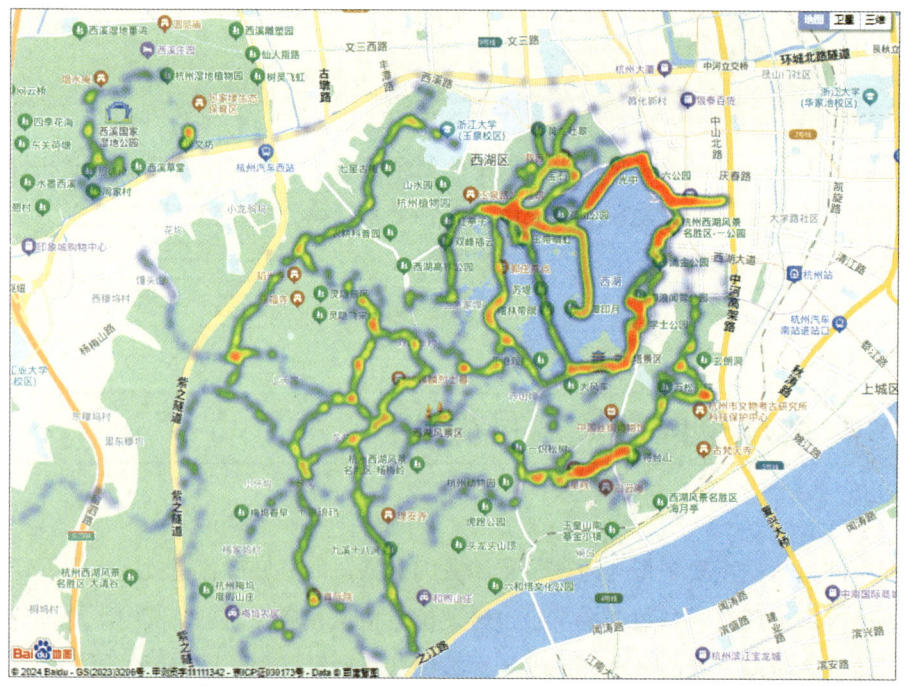

图 2-24　地理热力图

项目 2　数据可视化设计

> **高手点拨**
>
> 　　色调是指颜色的整体色彩倾向，它是由色相、饱和度和明度共同决定的一种视觉感受。色调通常可以分为暖色调（如黄色、红色、橙色等）和冷色调（如绿色、蓝色等）。
>
> 　　热力图也可以与日历图结合使用，借助日历的时间框架结构，以热力图的颜色渐变情况清晰地展示特定时间段内的数据密集程度或数值大小。

项目实施——使用 ChartCube 绘制简单的图表

　　使用 ChartCube 绘制折线图，实现某超市月销售额数据的可视化。

　　步骤1　访问 ChartCube 官网，单击"立即制作图表"按钮，如图 2-25 所示。

使用 ChartCube 绘制简单的图表

图 2-25　单击"立即制作图表"按钮

　　步骤2　进入"数据准备"界面，选中"本地数据"单选钮，单击"文件上传"按钮，在打开的"打开"对话框中选择本书配套素材中的"素材与实例"/"项目 2"/"项目实施"/"某超市月销售额.xlsx"文件并单击"打开"按钮，上传文件，如图 2-26 所示。

33

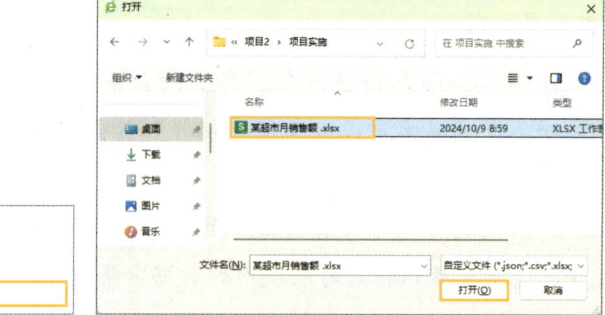

图 2-26　上传文件

步骤3 "数据准备"界面显示文件的内容和字段，勾选"月份"和"销售额（万元）"复选框，单击"下一步"按钮，如图 2-27 所示。

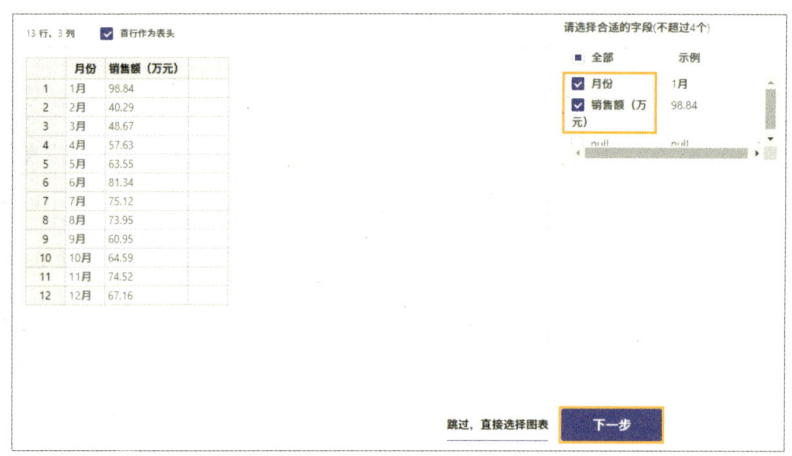

图 2-27　选择合适的字段

步骤4 进入"选择一个合适的图表"界面，选择"折线图"选项，如图 2-28 所示。

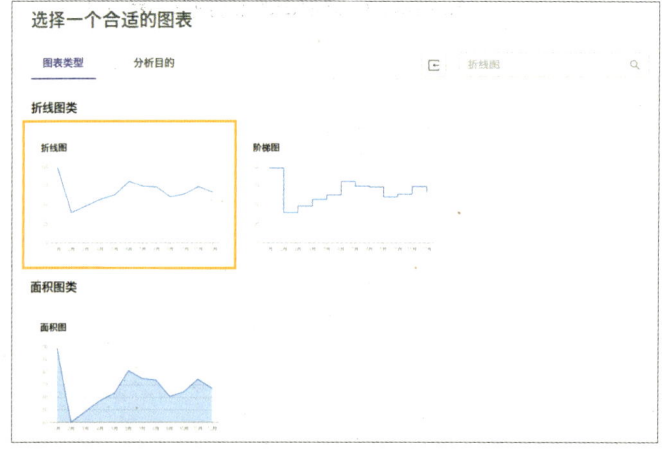

图 2-28　选择一个合适的图表

步骤5 进入"配置图表"界面,在右侧工具栏中选择"全部配置"选项,单击"标题"下拉按钮,将"内容"编辑框中的内容修改为"某超市月销售额",设置图表标题;关闭"副标题"开关,不显示副标题;打开"点"开关,显示数据点,如图2-29所示。

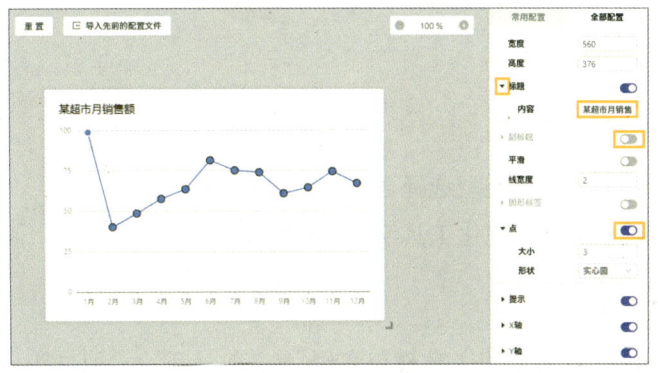

图2-29 设置图表标题和数据点

步骤6 在"X轴"下拉列表中打开"标题"开关,显示X轴的标题;在"Y轴"下拉列表中打开"标题"开关,显示Y轴的标题;最后单击"完成配置,生成图表"按钮,如图2-30所示。

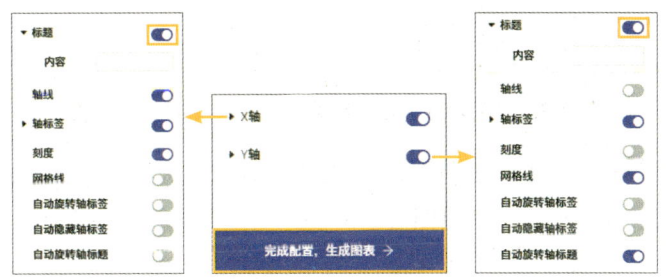

图2-30 设置坐标轴标题

步骤7 进入"选择要导出的内容"界面,单击"图片"区域中的"导出"按钮,以图片的形式导出图表,如图2-31所示。

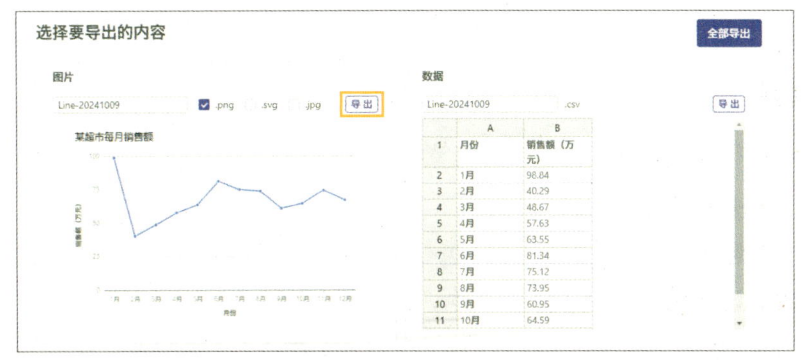

图2-31 导出图表

项目实训

1. 实训目的

（1）能够根据不同的数据类型选择合适的图表。

（2）能够使用线上数据可视化工具绘制简单的图表。

2. 实训内容

（1）分析本书配套素材中的"素材与实例"/"项目2"/"项目实训"/"某教育平台用户数据.xlsx"文件中的数据。该文件中的数据如图2-32所示。

用户的文化水平	用户数量
小学	3000
初中	2800
高中	5500
大学	1700
研究生	500
其他	1300

图2-32 "某教育平台用户数据.xlsx"文件中的数据

（2）根据"某教育平台用户数据.xlsx"文件中数据的类型，选择合适的图表。

（3）使用ChartCube绘制并导出图表。

项目考核

1. 选择题

（1）在数据可视化设计中，可视化元素包括（　　）。

　　A．可视化空间　　　　　　　　B．标记

　　C．视觉通道　　　　　　　　　D．以上全部

（2）在数据可视化设计中，标记的类型通常不包括（　　）。

　　A．点　　　　　　　　　　　　B．线

　　C．面　　　　　　　　　　　　D．图表

（3）在数据可视化设计中，一般不使用标记的（　　）区分数据的类别。

　　A．位置　　　　　　　　　　B．颜色

　　C．大小　　　　　　　　　　D．纹理

（4）在数据可视化设计中，通常使用（　　）展示比较型数据。

　　A．柱形图　　　　　　　　　B．统计地图

　　C．地理热力图　　　　　　　D．关系图

（5）箱形图可以显示一组数据的（　　）。

　　A．上限值、下限值、众数、中位数、上四分位数

　　B．上限值、下限值、中位数、上四分位数、下四分位数

　　C．上限值、下限值、众数、上四分位数、下四分位数

　　D．上限值、下限值、中位数和众数

（6）在数据可视化设计中，通常使用（　　）展示比例型数据。

　　A．饼图　　　　　　　　　　B．环形图

　　C．矩形树图　　　　　　　　D．以上全部

2. 判断题

（1）可视化元素是数据可视化设计的"原材料"。（　　）

（2）在数据组重叠的图表中，可以设置不同数据组的透明度，防止某些数据组覆盖其他数据组，以便用户更好地观察重叠的数据。（　　）

（3）关联型数据主要是指可以按照类别或组进行差异比较的数据。（　　）

（4）雷达图是一种用于展示多变量（维度）数据的图表。（　　）

（5）散点图是一种用于展示3个变量之间关系的图表，气泡图是一种用于展示两个变量之间关系的图表。（　　）

（6）在词云图中，词语的字体越大，颜色越深，说明该词语在文本数据中的出现频率越高，同时也越重要。（　　）

项目评价

请学生结合本项目的学习情况，对学习成果进行自评和互评（组内成员相互评分），请指导教师进行师评和总评，并将评价结果填入表2-1中。

表 2-1　学习成果评价表

评价项目	评价内容	评价分数			
		分值	自评	互评	师评
项目完成度（20%）	项目准备阶段，回答问题清晰准确，紧扣主题，没有明显错误	5 分			
	项目实施阶段，根据操作步骤完成实施内容	5 分			
	项目实训阶段，出色地完成实训内容	5 分			
	项目考核阶段，完成考核题目	5 分			
知识（35%）	常用的可视化元素	15 分			
	不同类型数据的可视化方法	20 分			
技能（35%）	合理使用不同的可视化元素进行数据可视化设计	10 分			
	根据数据的类型选择合适的图表	15 分			
	使用在线数据可视化工具绘制简单的图表	10 分			
素养（10%）	提升选择合适方法解决不同问题的能力	5 分			
	加强自身的艺术修养，不断提升审美能力和设计能力	5 分			
合计		100 分			
总评	综合得分：_____	指导教师签字：_____			
	综合等级：_____				

注：综合得分可按照"自评（25%）+ 互评（25%）+ 师评（50%）"进行计算；综合等级可以"优"（综合得分 ≥ 90 分）、"良"（80 分 ≤ 综合得分 < 90 分）、"中"（60 分 ≤ 综合得分 < 80 分）、"差"（综合得分 < 60 分）为标准进行评价。

项目 3

Excel 数据可视化

 **项目导读**

  Microsoft Excel 是一款功能强大的电子表格软件,广泛应用于数据处理、统计、分析和可视化等领域。Excel 提供了丰富的图表,用户可以根据不同的需求选择不同的图表类型来实现数据可视化。本项目先介绍 Excel 数据可视化的相关知识,然后使用 Excel 实现公司部门支出数据可视化。

 **项目目标**

◎ 知识目标

- 熟悉 Excel 的常用功能、特点和工作界面。
- 熟悉 Excel 中常用的图表和图表的组成元素。
- 熟悉 Excel 数据可视化的基本流程。

◎ 技能目标

- 能够选择合适的图表展示不同的数据。
- 能够使用 Excel 获取数据、创建图表、编辑图表,实现数据可视化。

◎ 素养目标

- 养成自主学习的良好习惯,提高专业技能和职业素养。
- 培养学以致用、举一反三的能力。

 **项目准备**

全班学生以 3~5 人为一组进行分组，各组选出组长。组长组织组员扫码观看"Microsoft Office 简介"视频，讨论并回答下列问题。

问题 1：Microsoft Office 的常用组件有哪些？

问题 2：Microsoft Office 中常用组件的主要功能是什么？

Microsoft Office 简介

3.1 Excel 概述

3.1.1 Excel 的常用功能

Excel 的常用功能包括数据获取与存储、数据处理与分析、数据可视化、自动化操作、打印与导出等。

（1）**数据获取与存储**。Excel 允许用户直接向表格中输入数据，还允许用户从外部数据源中获取数据，并能够以表格的形式存储各种类型的数据，包括文本、数字、日期、时间、公式等。

（2）**数据处理与分析**。Excel 内置了数百种函数，使用这些函数可以实现数学计算、财务分析、文本处理、日期和时间处理等操作。此外，用户可以创建自定义公式，结合内置函数和运算符进行复杂的数据处理和分析。

（3）**数据可视化**。Excel 提供了丰富的图表类型（如柱形图、折线图、饼图、条形图等），使用它可以将数据以图表的方式展示出来，使数据变得更加直观易懂。此外，Excel 还支持自定义图表的样式、颜色、数据标签等，以满足用户的个性化需求。

（4）**自动化操作**。Excel 支持宏录制，用户可以通过录制宏来捕捉和保存一系列的操作步骤，以便后续重复执行这些步骤。此外，Excel 还支持 visual basic for applications（简称 VBA）编程，用户可以编写脚本来实现更高级的自动化操作，如数据筛选、报告生成等。

（5）**打印与导出**。Excel 提供了打印功能，用户可以根据实际需求打印指定的数据区域或工作表等。此外，Excel 支持将数据导出为多种格式（如 CSV、PDF、TXT、XLSX 等）的数据，以便在其他应用程序中使用或共享这些数据。

3.1.2 Excel 的特点

Excel 具有灵活性高、易于操作、支持动态图表、数据集成性强、跨平台兼容性好等特点，如表 3-1 所示。

表 3-1　Excel 的特点

特　点	说　明
灵活性高	Excel 允许用户根据需要选择不同的图表类型、颜色、样式等，以满足不同的数据可视化需求。同时，它还支持自定义图表类型，用户可以根据需要创建个性化图表
易于操作	Excel 的操作界面简洁明了，用户可以通过简单操作实现数据的获取、处理、分析和可视化。此外，Excel 还提供了丰富的教程和帮助文档，方便用户快速上手
支持动态图表	当数据发生变化时，图表能够自动更新，确保数据的实时性和准确性
数据集成性强	Excel 可以直接从多种数据源中获取数据，如 Excel 文件、CSV 文件、数据库数据等
跨平台兼容性好	Excel 可以在多个平台上运行，包括 Windows、macOS 和 iOS 等，用户可以在不同设备上查看和编辑数据可视化图表

与专业的数据可视化工具相比，Excel 的数据处理能力存在一定的局限性，其所能承载的数据量通常不超过 100 万行。此外，Excel 只提供了简单的交互功能，图表的交互性和动态性存在一定的局限性；而且，Excel 图表在色彩搭配、样式设计等方面也存在一定的局限性。

3.2 Excel 的工作界面

安装 Microsoft Office 2019 后，双击桌面上的 Excel 图标，或者在"开始"菜单中选择"Excel 2019"选项，均可启动 Excel。

启动 Excel 后，在程序窗口中单击"新建"区域的"空白工作簿"按钮，即可创建一个新工作簿并进入 Excel 的工作界面。Excel 的工作界面主要由快速访问工具栏、标题栏、功能区、名称框、编辑栏、工作表编辑区、工作表标签和状态栏等组成，如图 3-1 所示。

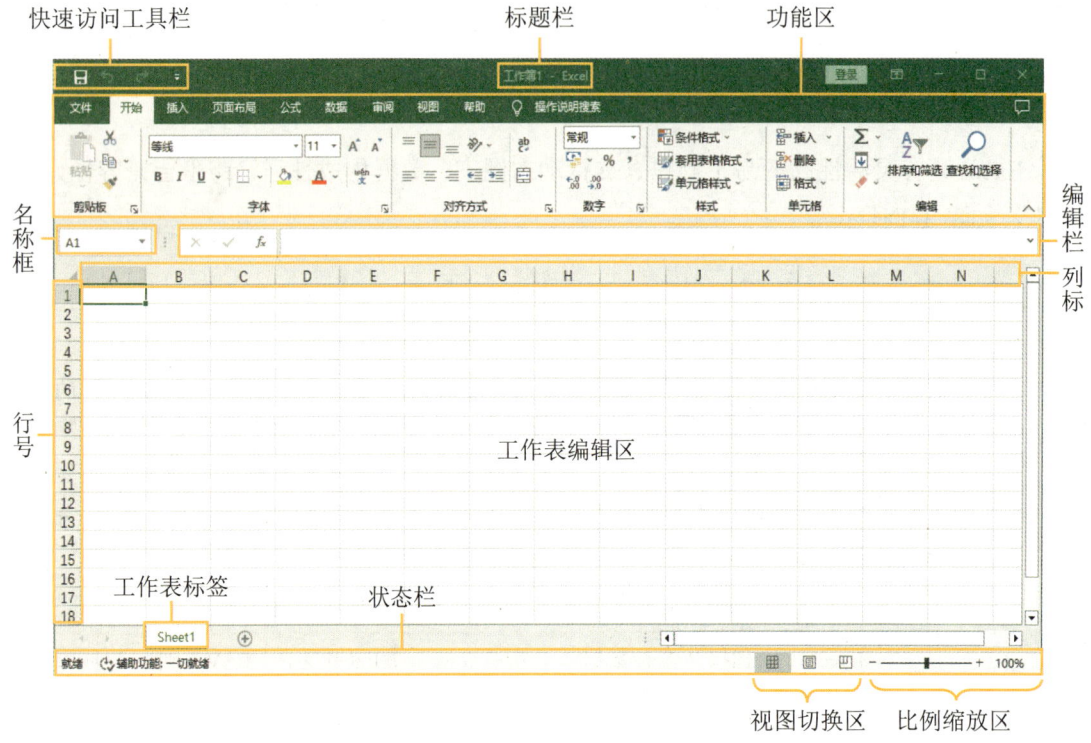

图 3-1 Excel 的工作界面

1. 快速访问工具栏

快速访问工具栏位于整个界面最顶部的左侧位置，默认提供"保存""撤销""恢复"等按钮。单击右侧的"自定义快速访问工具栏"按钮，在展开的下拉列表中选择或取消选择相应选项可以自定义快速访问工具栏。

2. 标题栏

标题栏位于整个界面最顶部的中间位置，用于显示当前文件的名称。

3. 功能区

功能区位于标题栏下方，其中包含 Excel 提供的大部分命令。这些命令以选项卡的形式分类显示在功能区中。选项卡位于功能区顶部，常用的选项卡有"开始""插入""页面布局""公式""数据""审阅""视图"等。每个选项卡中的多个命令被分类放置在不同的组中，组名显示在底部。每组中包含多个功能不同的按钮或编辑框。例如，"字体"组中包含多个用于设置字体样式的按钮和编辑框，如图 3-2 所示。

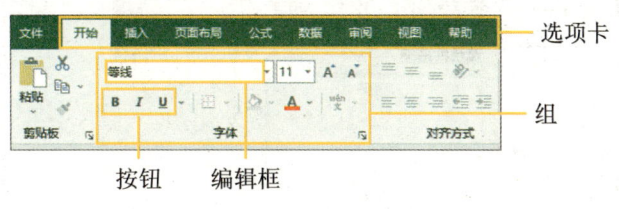

图 3-2 "字体"组

4. 名称框

名称框用于显示当前活动单元格的名称信息，包括单元格列标和行号等。

5. 编辑栏

编辑栏用于显示和编辑当前活动单元格的内容。当选中某个单元格后，编辑栏中就会显示该单元格的实际内容，在编辑栏中可以对单元格的内容进行编辑。

6. 工作表编辑区

工作表编辑区用于显示和编辑工作表中各单元格的内容。

7. 工作表标签

工作表标签用于标识工作表。一个工作簿可以包含多个工作表，单击工作表标签可在各工作表之间切换。另外，在工作表标签区域可以创建、重命名、隐藏或显示工作表等。

8. 状态栏

状态栏用于显示当前工作表的信息和状态，包括选中区域的汇总值、当前视图模式、显示比例等。

3.3 Excel 中的图表

3.3.1 Excel 中常用的图表

Excel 提供了 17 种基本类型的图表（见图 3-3），每种类型又可以根据展示方式的不同分为若干子类型。

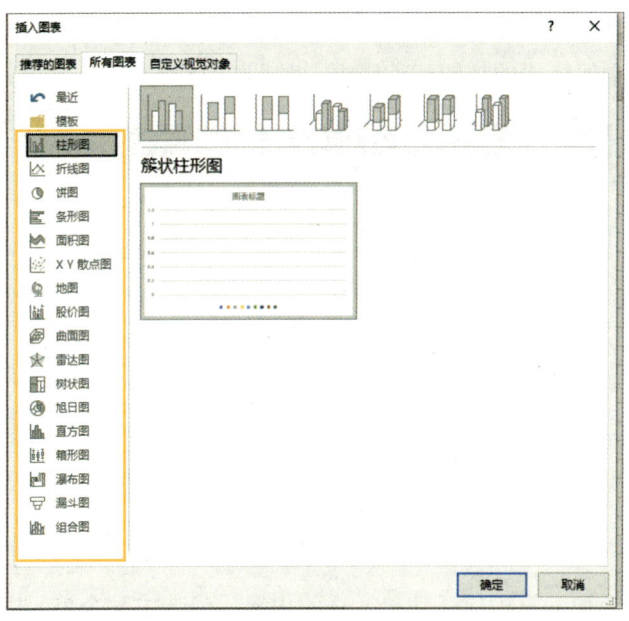

图 3-3　基本图表类型

Excel 中常用的图表包括柱形图、折线图、饼图、条形图、面积图、XY 散点图、雷达图、树状图、直方图、箱形图、组合图等。其中，组合图能够将多种图表类型组合在一起，在同一图表中展示多维数据。

3.3.2　Excel 中图表的组成元素

不同类型的图表可能会有不同的组成元素，但大都包含图表区、绘图区、图表标题、坐标轴、坐标轴标题、图例、数据标签、网格线、数据表等元素，如图 3-4 所示。

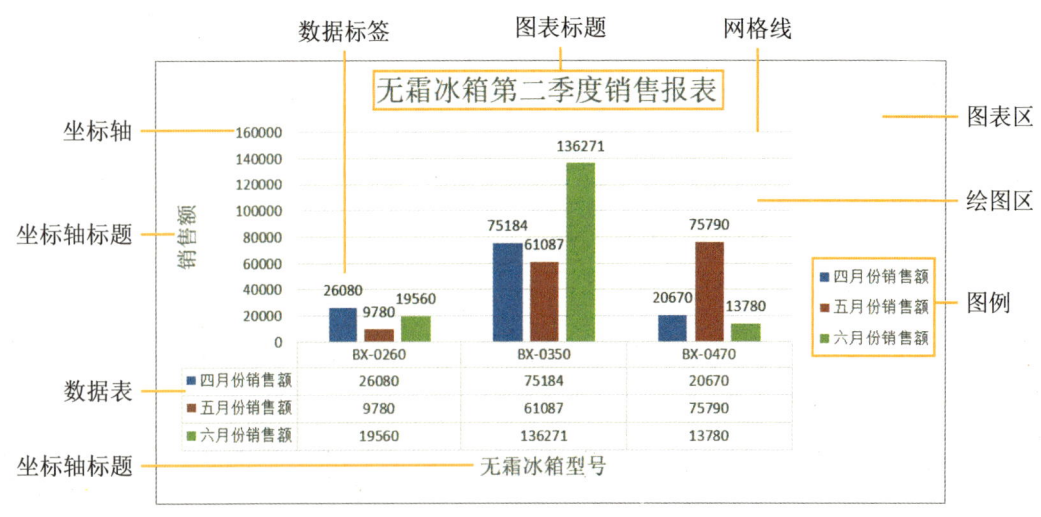

图 3-4　图表

（1）**图表区**。它是整个图表边框以内的区域，所有图表元素都在该区域中。

（2）**绘图区**。它是图表显示的区域。

（3）**图表标题**。它用于简洁明了地描述图表的主题和内容，帮助用户快速理解图表所表达的信息。

（4）**坐标轴**。它用于表示数据的不同维度。横坐标轴通常表示类别、时间或连续变量，纵坐标轴通常表示数值。

（5）**坐标轴标题**。它是图表坐标轴的名称。

（6）**图例**。它是对每个数据系列的说明。

（7）**数据标签**。它用于显示数据的类别名称、具体数值、所占比例等，以便用户详细了解每个数据。

（8）**网格线**。它能够更直观地展示数据之间的差异。

（9）**数据表**。它以表格形式详细显示所有数据。

3.4 Excel 数据可视化的基本流程

Excel 数据可视化的基本流程包括获取数据、创建图表、编辑图表等。

3.4.1 获取数据

在 Excel 中，不仅可以直接在工作表中输入数据，还可以从外部数据源中获取数据。Excel 可以从外部获取的数据有文本文件数据、网络数据和数据库数据等。

1. 获取文本文件数据

获取文本文件数据是指将指定文本文件中的数据导入 Excel。

【例 3-1】 获取员工信息文本文件数据。

步骤1 新建工作簿，在"数据"选项卡"获取和转换数据"组中单击"从文本/CSV"按钮，如图 3-5 所示。

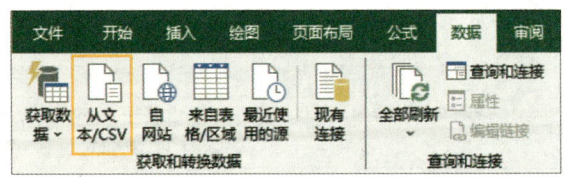

图 3-5　单击"从文本/CSV"按钮

小提示

在"数据"选项卡"获取和转换数据"组中单击"获取数据"下拉按钮,然后在展开的下拉列表中选择"来自文件"选项,在展开的子列表中选择"从文本/CSV"选项,也可达到与步骤1相同的效果,如图3-6所示。

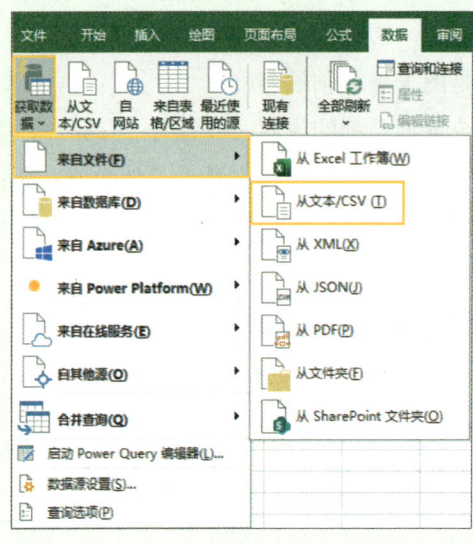

图3-6 选择"从文本/CSV"选项

步骤2 在打开的"导入数据"对话框中选择要导入的文本文件,此处为本书配套素材中的"素材与实例"/"项目3"/"员工信息.txt"文件,单击"导入"按钮,如图3-7所示。

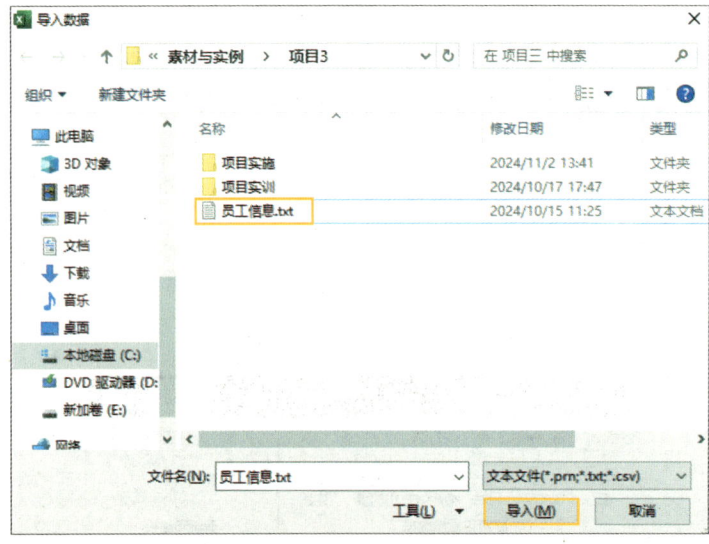

图3-7 导入数据

项目 3　Excel 数据可视化

步骤3 在打开的对话框中单击"分隔符"下拉列表框,在展开的下拉列表中选择"制表符"选项,然后单击"加载"按钮,即可将文本文件中的数据导入 Excel,如图 3-8 所示。

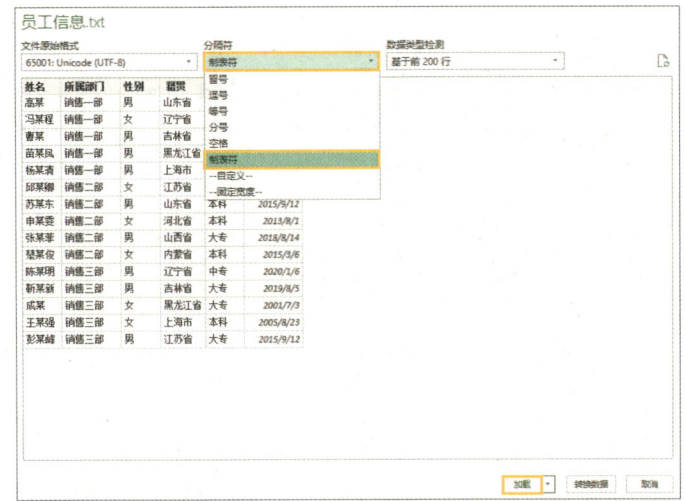

图 3-8　加载文本文件数据

2. 获取网络数据

获取网络数据是指将指定网站中的数据导入 Excel。

【例 3-2】 获取文旌课堂网站数据。

步骤1 新建工作簿,在"数据"选项卡"获取和转换数据"组中单击"自网站"按钮。

步骤2 在打开的对话框中输入目标网站地址"https://www.wenjingketang.com/book",单击"确定"按钮,连接目标网站,如图 3-9 所示。

图 3-9　连接目标网站

步骤3 在打开的"导航器"对话框中选择"建议的表格"列表中的"表 1"选项,然后单击"加载"按钮,即可将网站中的数据导入 Excel,如图 3-10 所示。

47

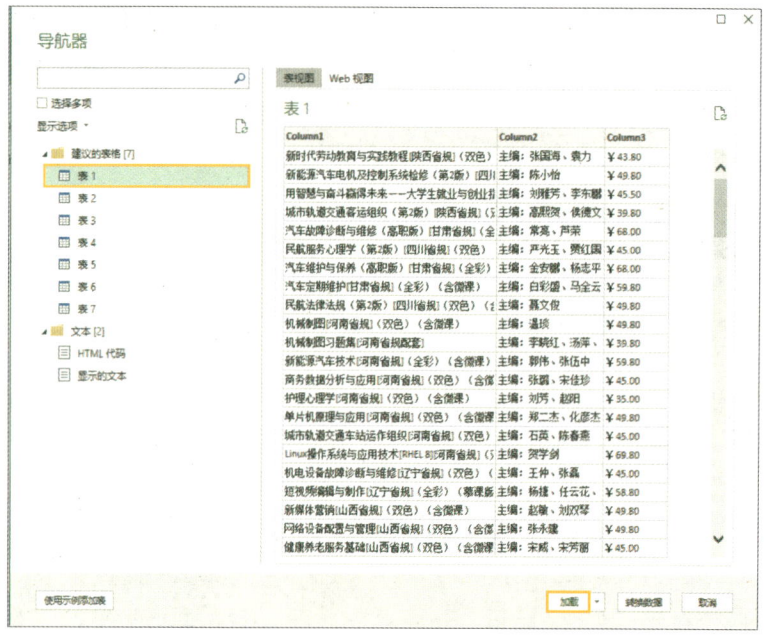

图 3-10　加载网络数据

3. 获取数据库数据

获取数据库数据是指将数据库数据导入 Excel。

【例 3-3】 获取 Access 数据库数据。

步骤1　新建工作簿，在"数据"选项卡"获取和转换数据"组中单击"获取数据"下拉按钮，在展开的下拉列表中选择"来自数据库"选项，在展开的子列表中选择"从 Microsoft Access 数据库"选项，如图 3-11 所示。

步骤2　在打开的"导入数据"对话框中选择要导入的数据文件，此处为本书配套素材中的"素材与实例"/"项目 3"/"Database1.accdb"文件，单击"导入"按钮，如图 3-12 所示。

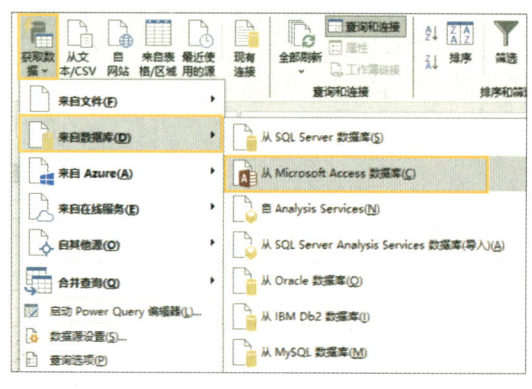

图 3-11　选择"从 Microsoft Access 数据库"选项

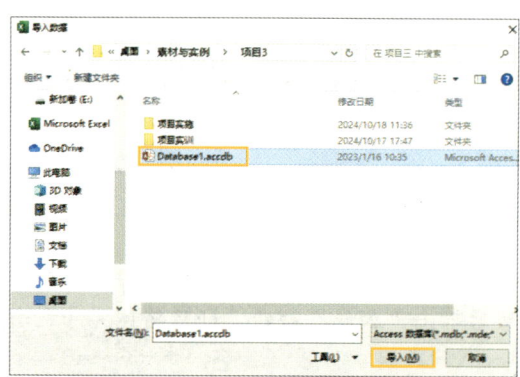

图 3-12　导入数据

步骤3 在打开的"导航器"对话框中选择"Database1.accdb"列表中的"学生信息"选项,然后单击"加载"按钮,即可将数据库数据导入 Excel,如图 3-13 所示。

图 3-13 加载数据库数据

3.4.2 创建图表

在 Excel 中,先选择需要可视化的数据区域,然后在"插入"选项卡"图表"组中选择合适的图表,即可创建图表。

> **小提示**
>
> 用户可以图片的形式将图表快速复制并粘贴到其他应用程序(如 Word)中。此外,创建完图表后,保存 Excel 文件,即可同时保存图表。

【例 3-4】 创建柱形图。

(1)创建簇状柱形图,展示 4 月不同型号产品的销量。

步骤1 选择数据区域。打开本书配套素材中的"素材与实例"/"项目 3"/"大华电器销售数据 .xlsx"文件,在"第二季度产品销售数据"工作表中选择单元格区域"A2:C14",如图 3-14 所示。

	A	B	C	D	E	F	G	H
1	2024年第二季度产品销售数据表(销量单位:件,销售额单位:元)							
2	产品名称	产品型号	4月销量	5月销量	6月销量	4月销售额	5月销售额	6月销售额
3	无霜冰箱	BX-0260	8	3	6	26080	9780	19560
4		BX-0350	16	13	29	75184	61087	136271
5		BX-0470	3	11	2	20670	75790	13780
6	液晶电视	DS-0410	33	34	33	118767	122366	118767
7		DS-0510	7	13	16	27993	51987	63984
8	变频空调	KT-0020	7	20	36	46200	132000	237600
9		KT-0030	10	17	14	85000	144500	119000
10	热水壶	RSH-036	171	89	144	15048	7832	12672
11	热水器	RSQ-030	38	16	14	68400	28800	25200
12		RSQ-060	12	6	10	31200	15600	26000
13	无叶风扇	WY-0150	29	135	168	5510	25650	31920
14		WY-0360	60	119	132	16800	33320	36960

图 3-14 选择数据区域

步骤2 创建簇状柱形图。在"插入"选项卡"图表"组中单击"插入柱形图或条形图"下拉按钮,在展开的下拉列表中选择"簇状柱形图"选项,如图3-15所示。簇状柱形图效果如图3-16所示。

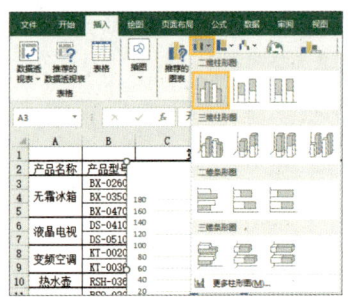

图3-15 创建簇状柱形图

图3-16 簇状柱形图效果

【结果分析】 从图3-16可以看出,4月份销量最高的产品是热水壶,销量最低的产品是BX-0470型号的无霜冰箱;不同产品中,销量最高的产品型号分别为BX-0350、DS-0410、KT-0030、RSH-036、RSQ-030、WY-0360。

> **知识库**
>
> 在Excel中,"插入"选项卡的"图表"组中列出了多个图表分类下拉按钮,单击这些按钮可展开其子类型列表,将鼠标指针移到子类型图上稍作停留,系统会弹出对该子类型图的简短说明,单击子类型图可插入图表。

(2)创建堆积柱形图,展示4月至6月不同型号产品的销量。

步骤1 选择数据区域。在"第二季度产品销售数据"工作表中选择单元格区域"A2:E14"。

步骤2 创建堆积柱形图。在"插入"选项卡"图表"组中单击"插入柱形图或条形图"下拉按钮,在展开的下拉列表中选择"堆积柱形图"选项,如图3-17所示。堆积柱形图效果如图3-18所示。

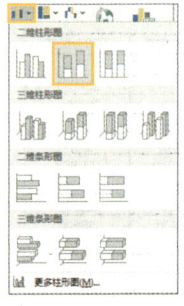

图3-17 创建堆积柱形图

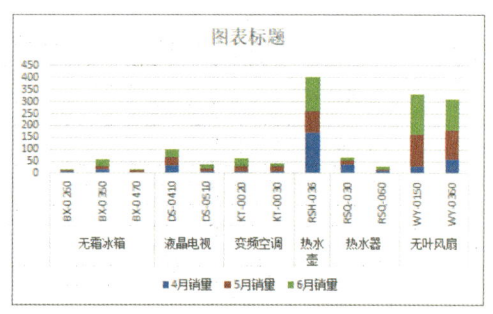

图3-18 堆积柱形图效果

【结果分析】 从图 3-18 可以看出，热水壶的累计销量最高，WY-0150 型号无叶风扇的累计销量排名第二。

【例 3-5】 创建饼图，展示热水壶 4 月至 6 月的销量占比情况。

步骤1 选择数据区域。在"第二季度产品销售数据"工作表中选择单元格区域"A2:E2"，然后按住"Ctrl"键，继续选择单元格区域"A10:E10"。

步骤2 创建饼图。在"插入"选项卡"图表"组中单击"插入饼图或圆环图"下拉按钮，在展开的下拉列表中选择"饼图"选项，如图 3-19 所示。饼图效果如图 3-20 所示。

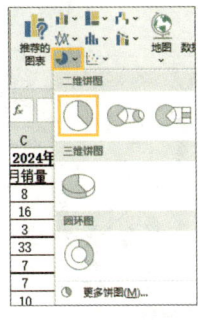

图 3-19 创建饼图

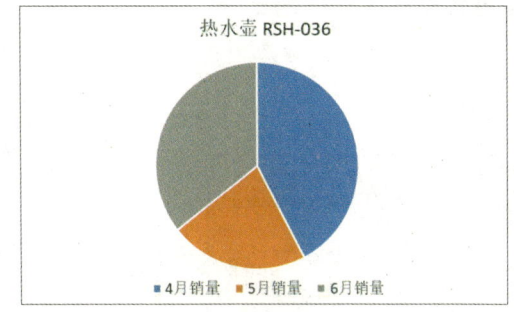

图 3-20 饼图效果

【结果分析】 从图 3-20 可以看出，热水壶 4 月的销量占比最多，5 月的销量占比最少。

【例 3-6】 创建雷达图，展示 4 月至 6 月不同型号无霜冰箱的销量。

步骤1 选择数据区域。在"第二季度产品销售数据"工作表中选择单元格区域"B2:E5"。

步骤2 创建雷达图。在"插入"选项卡"图表"组中单击"插入瀑布图、漏斗图、股价图、曲面图或雷达图"下拉按钮，在展开的下拉列表中选择"雷达图"选项，如图 3-21 所示。雷达图效果如图 3-22 所示。

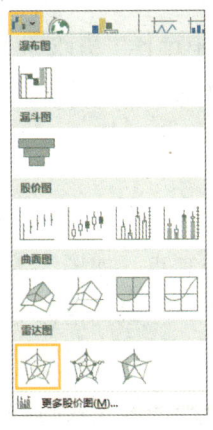

图 3-21 创建雷达图

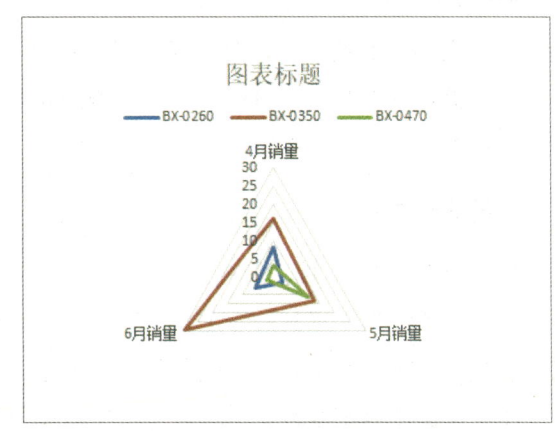

图 3-22 雷达图效果

【结果分析】 从图3-22可以看出，6月份不同型号无霜冰箱的销量差距较大；BX-0260型号无霜冰箱的月销量比较均衡。

【例3-7】 创建组合图，同时展示4月不同型号产品的销量和销售额。

步骤1 选择数据区域。在"第二季度产品销售数据"工作表中选择单元格区域"B2:C14"，然后按住"Ctrl"键，继续选择单元格区域"F2:F14"。

步骤2 创建组合图。在"插入"选项卡"图表"组中单击"插入组合图"下拉按钮，在展开的下拉列表中选择"簇状柱形图-次坐标轴上的折线图"选项，如图3-23所示。组合图效果如图3-24所示。

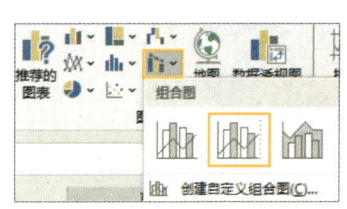

图3-23 创建组合图

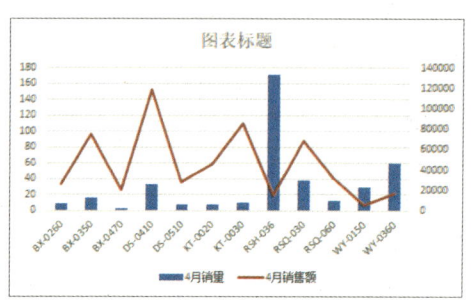

图3-24 组合图效果

【结果分析】 从图3-24可以看出，4月份销量最高的是RSH-036型号的产品；4月份销售额最高的是DS-0410型号的产品。

3.4.3 编辑图表

创建完图表后，可对图表进行编辑，包括更改图表类型，调整图表大小，移动图表，设置图表元素、样式和筛选器，修饰图表，删除图表等。

1. 更改图表类型

创建完图表后，右击图表区的空白区域，在弹出的快捷菜单中选择"更改图表类型"选项，打开"更改图表类型"对话框，在左侧列表中选择一种图表类型，在右侧选择一种图表子类型，单击"确定"按钮，即可更改图表类型，如图3-25所示。

2. 调整图表大小

单击图表区的空白区域，选中图表，图表边框会出现8个控制点，如图3-26所示。选中图表后，将鼠标指针移到图表上、下、左、右边框的控制点上，当鼠标指针变成上下双向箭头或左右双向箭头时，按住鼠标左键并上下或左右拖动，可调整图表的高度或宽度；将鼠标指针移到图表4个角的任一控制点上，当鼠标指针变成斜式双向箭头或时，按住鼠标左键并拖动，可调整图表大小。

项目3 Excel 数据可视化

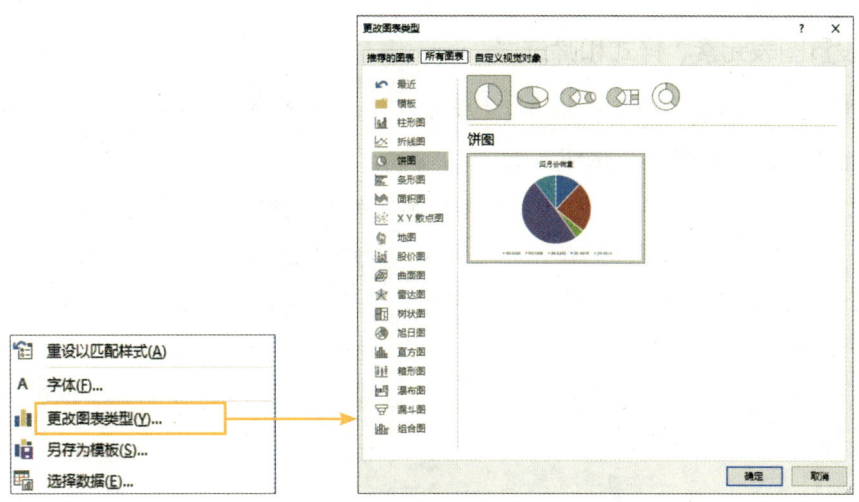

图 3-25 更改图表类型

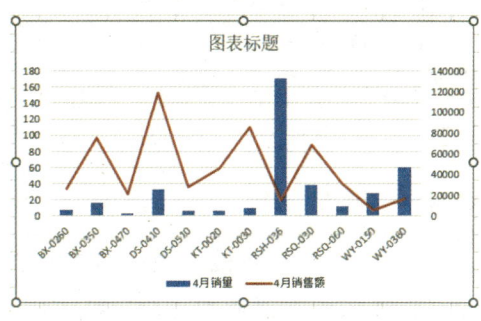

图 3-26 选中图表

3. 移动图表

创建完图表后，可将图表移到当前工作表的任意位置或其他工作表中。

（1）**将图表移到当前工作表的任意位置**。选中图表，将鼠标指针移到图表区，当鼠标指针变成 ✥ 时，按住鼠标左键并拖动，至合适位置后释放鼠标，可将图表移到新位置。

（2）**将图表移到其他工作表中**。右击图表区的空白区域，在弹出的快捷菜单中选择"移动图表"选项，打开"移动图表"对话框，如图 3-27 所示。在该对话框中，选中"新工作表"单选钮后在其右侧文本框中输入工作表名，单击"确定"按钮，系统会自动新建工作表，并将图表移到新工作表中；选中"对象位于"单选钮后在其右侧下拉列表中选择已有工作表，单击"确定"按钮，可将图表移到已有工作表中。

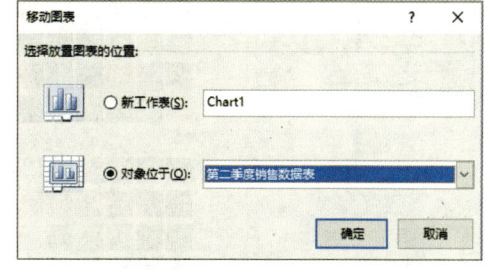

图 3-27 "移动图表"对话框

53

4. 设置图表元素、样式和筛选器

选中图表后，图表右侧会出现 3 个按钮，从上至下依次为"图表元素"按钮、"图表样式"按钮和"图表筛选器"按钮，如图 3-28 所示。

（1）"**图表元素**"**按钮** +。它用于添加或删除图表元素，以便更好地展示数据和传达信息。单击该按钮，可展开"图表元素"列表（见图 3-29），用户可以通过勾选或取消勾选相应的复选框来添加或删除图表元素。例如，勾选"坐标轴"复选框，即可为图表添加坐标轴元素。

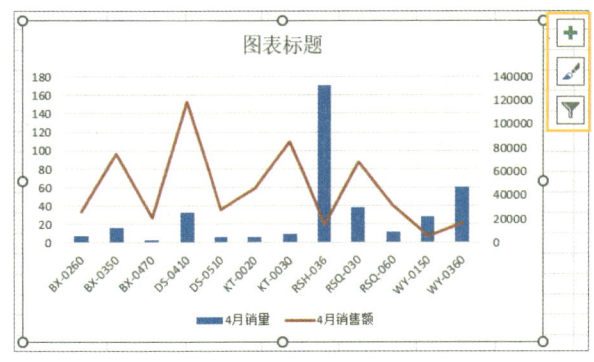 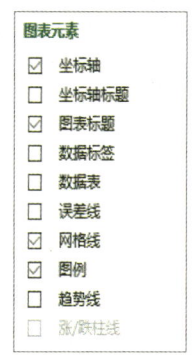

图 3-28　设置元素、样式、筛选器按钮　　　　图 3-29　"图表元素"列表

（2）"**图表样式**"**按钮**。它用于快速更改图表的整体外观风格，使图表更加美观。单击该按钮，可展开"样式"和"颜色"列表（见图 3-30），用户可以通过选择相应的选项来更改图表的样式和颜色。

（3）"**图表筛选器**"**按钮**。它用于对图表中的数据进行筛选和显示控制，从而突出显示重点数据或特定范围的数据。单击该按钮，可展开"数值"和"名称"列表（见图 3-31），用户可以通过系列、类别、数据点等筛选数据。

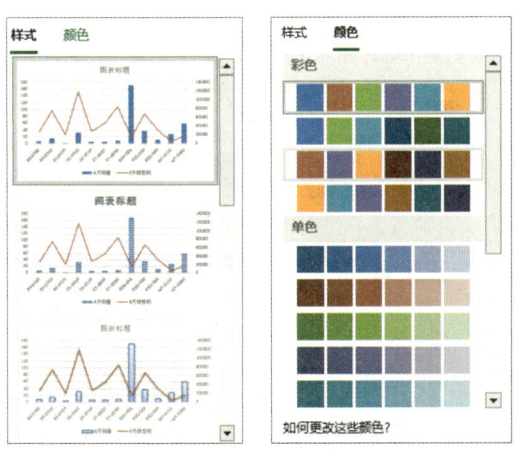 

图 3-30　"样式"列表和"颜色"列表　　　　图 3-31　"数值"列表和"名称"列表

5. 修饰图表

创建完图表后，为了增强图表的美观性和可读性，可以对其进行修饰，从而更好地传达信息。

右击图表区的空白区域，在弹出的快捷菜单中选择"设置图表区域格式"选项，或者双击图表区的空白区域，可以打开"设置图表区格式"窗格，在"图表选项"选项卡中可设置图表区的填充、边框、发光、大小等属性，在"文本选项"选项卡中可设置图表区所有文本的文本填充、文本轮廓、文字效果等属性，如图 3-32 所示。

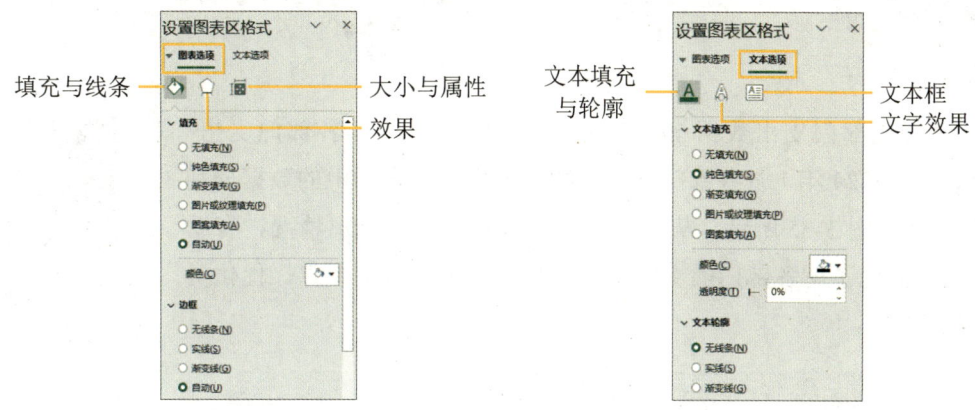

图 3-32 "设置图表区格式"窗格

单击"设置图表区格式"窗格中的"图表选项"下拉按钮，在展开的下拉列表中选择相应选项，可打开对应的格式设置窗格。例如，选择"图表标题"选项可打开"设置图表标题格式"窗格，同时在图表中自动选中图表标题，此时即可编辑图表标题，将其修改为"2024 年 4 月销量和销售额组合图"，如图 3-33 所示。

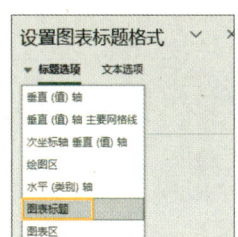 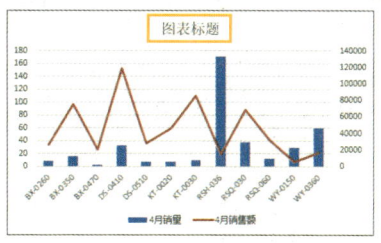 

图 3-33 修改图表标题

> **小提示**
>
> 打开"设置图表区格式"窗格后，在图表中直接单击需要修饰的图表元素，也可以打开对应的格式设置窗格。例如，直接单击图表的坐标轴即可打开"设置坐标轴格式"窗格。

6. 删除图表

如果要删除整个图表，只需选中图表并按"Backspace"键或"Delete"键即可。删除标题、坐标轴、网格线等图表元素同理，选中要删除的图表元素并按"Backspace"键或"Delete"键即可。

项目实施——使用 Excel 实现公司部门支出数据可视化

"某公司部门支出数据.xlsx"文件中包含"2024年各部门支出"工作表和"2024年1月各部门支出明细"工作表，它们中的数据分别如图 3-34 和图 3-35 所示。从不同角度分析各部门的支出情况，有助于公司更好地了解各部门的支出结构，从而合理地规划预算、优化资源分配。

使用 Excel 实现公司部门支出数据可视化

	A	B	C	D	E	F	G	H	I	J	K	L	M
1							2024年各部门支出（单位：元）						
2	部门	1月	2月	3月	4月	5月	6月	7月	8月	9月	10月	11月	12月
3	销售部	32560	33820	30210	36750	38900	35680	39240	42170	45820	48300	50250	52780
4	市场部	21350	23780	26500	28200	30500	32100	34800	37200	39500	41800	44200	46700
5	研发部	78900	82300	86700	89500	92100	95800	98300	102700	106500	110200	114800	118900
6	财务部	12500	14200	15800	17300	19200	20800	22500	24300	26200	28100	30200	32500
7	人力资源部	18200	20500	22700	24800	26900	29200	31500	33800	36200	38500	40800	43200
8	行政部	27800	29500	31200	33700	35800	38200	40500	43100	45600	48200	50700	53200
9	客服部	23600	25200	27800	30100	32400	34700	37200	39800	42300	44800	47300	49800
10	生产部	92500	96300	100800	105200	109700	113500	118200	122700	127300	131800	136500	141200
11	物流部	38700	40200	42800	45300	47900	50500	53200	55800	58500	61200	63800	66500

图 3-34 "2024 年各部门支出"工作表中的数据

	A	B	C
1	2024年1月各部门支出明细（单位：元）		
2	部门	支出类型	支出费用
3		人员工资	20000
4		办公用品	3000
5		差旅费	2500
6	销售部	业务招待费	4000
7		设备采购/租赁	0
8		培训费用	1000
9		水电费	1060
10		其他费用	1000
11		人员工资	12000
12		办公用品	2000
13		差旅费	3000
14	市场部	业务招待费	2000
15		设备采购/租赁	0
16		培训费用	1000
17		水电费	1350
18		其他费用	0

图 3-35 "2024 年 1 月各部门支出明细"工作表中的数据（部分）

1. 2024年第一季度不同部门支出数据可视化

使用柱形图展示2024年第一季度不同部门的支出数据，直观地呈现各部门支出的差异情况和支出水平的高低。

步骤1 选择数据区域。打开本书配套素材中的"素材与实例"/"项目3"/"项目实施"/"某公司部门支出数据.xlsx"文件，切换到"2024年各部门支出"工作表，选择单元格区域"A2:D11"，如图3-36所示。

图3-36 选择数据区域

步骤2 创建簇状柱形图。在"插入"选项卡"图表"组中单击"插入柱形图或条形图"下拉按钮，在展开的下拉列表中选择"簇状柱形图"选项，如图3-37所示。

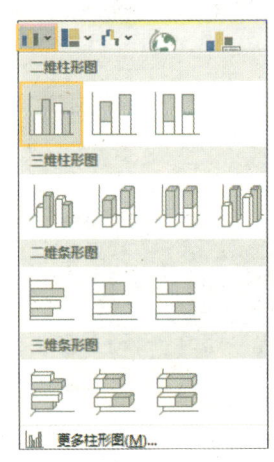
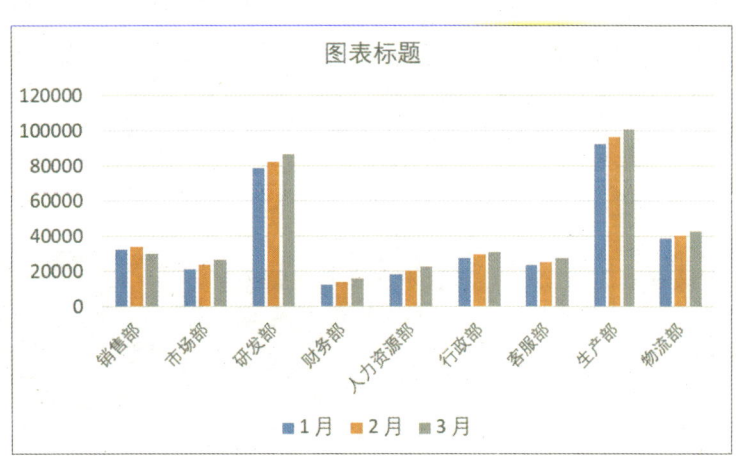

图3-37 创建簇状柱形图

步骤3 编辑簇状柱形图。双击"图表标题"文本，并将其修改为"2024年第一季度各部门支出簇状柱形图"；然后选中图表，单击"图表元素"按钮，在展开的列表中勾选"坐标轴标题"复选框，并将横坐标轴标题和纵坐标轴标题分别修改为"部门"和"支出（元）"，如图3-38所示。"2024年第一季度各部门支出簇状柱形图"效果如图3-39所示。

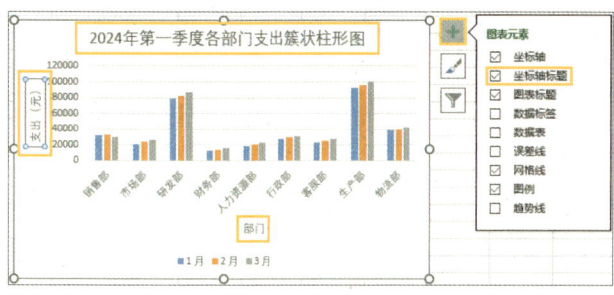

图 3-38 编辑簇状柱形图

图 3-39 "2024年第一季度各部门支出簇状柱形图"效果

【结果分析】 从图 3-39 可以看出，生产部第一季度的支出最高，财务部第一季度的支出最低；每个部门每个月的支出相对均衡，没有较大的差距。

2. 2024 年部分部门支出数据可视化

使用面积图展示销售部、市场部、研发部和财务部 4 个部门支出数据随时间变化的情况。

步骤1 选择数据区域。在"2024年各部门支出"工作表中选择单元格区域"A2:M6"。

步骤2 创建面积图。在"插入"选项卡"图表"组中单击"插入折线图或面积图"下拉按钮，在展开的下拉列表中选择"面积图"选项，如图 3-40 所示。

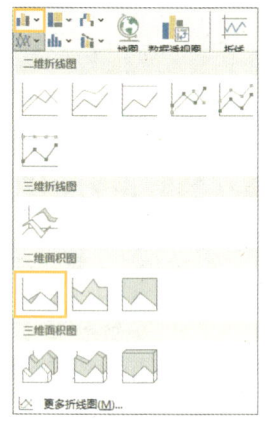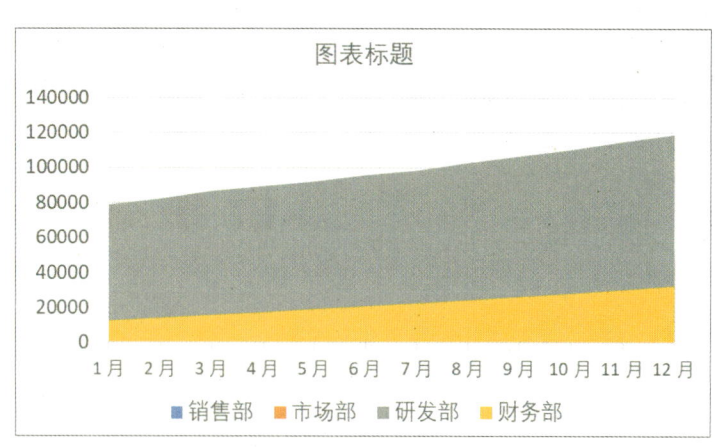

图 3-40 创建面积图

步骤3 设置图表标题和坐标轴。双击"图表标题"文本，并将其修改为"2024 年部分部门支出面积图"；然后选中图表，单击"图表元素"按钮，在展开的列表中勾选"坐标轴标题"复选框，并将横坐标轴标题和纵坐标轴标题分别修改为"月份"和"支出（元）"。

步骤4 设置系列格式。双击"研发部"图例，在打开的"设置图例项格式"窗格中选择"填充与线条"选项；然后选中"填充"下拉列表中的"纯色填充"单选钮，在"颜色"下拉列表中选择"绿色，个性6，淡色40%"选项，将"透明度"调整为"50%"，如图 3-41 所示。

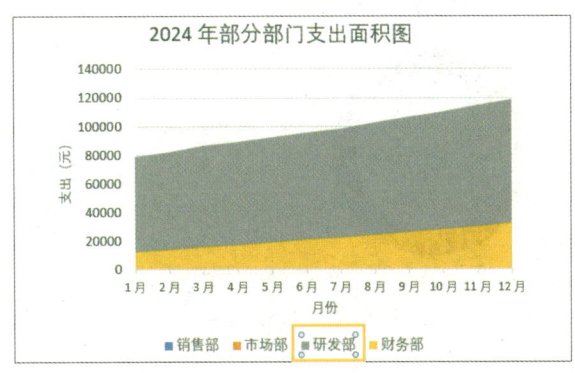
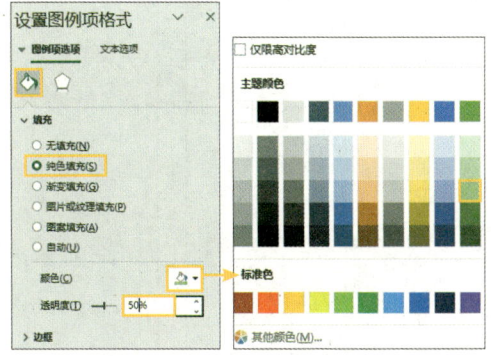

图 3-41　设置系列格式

步骤5　使用同样的方式，将"销售部"系列颜色设置为"蓝色，个性1，深色25%"，透明度设置为"30%"；将"市场部"系列颜色设置为"金色，个性4，深色25%"，透明度设置为"30%"；将"财务部"系列颜色设置为"橙色，个性2，淡色40%"，透明度设置为"30%"，"2024年部分部门支出面积图"效果如图 3-42 所示。

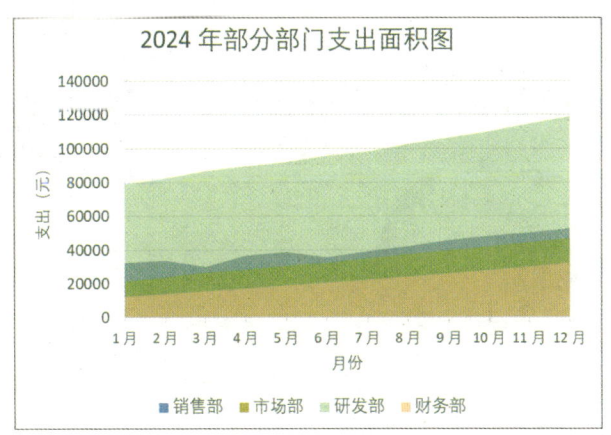

图 3-42　"2024年部分部门支出面积图"效果

【结果分析】　从图 3-42 可以看出，销售部全年的支出情况不稳定，其他部门全年的支出整体上均呈现上升趋势；研发部 1 月至 12 月的支出均明显高于其他部门。

3. 2024 年 1 月份销售部各项支出占比可视化

使用圆环图（环形图）展示 2024 年 1 月份销售部各项支出占该部门 1 月份总支出的比例。

步骤1　选择数据区域。切换到"2024年1月各部门支出明细"工作表，选择单元格区域"B2:C10"。

步骤2 创建圆环图。在"插入"选项卡"图表"组中单击"插入饼图或圆环图"下拉按钮,在展开的下拉列表中选择"圆环图"选项,如图3-43所示。

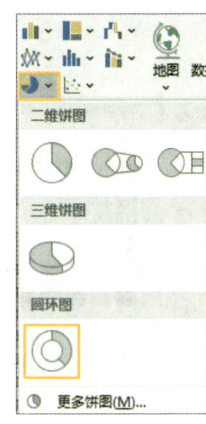
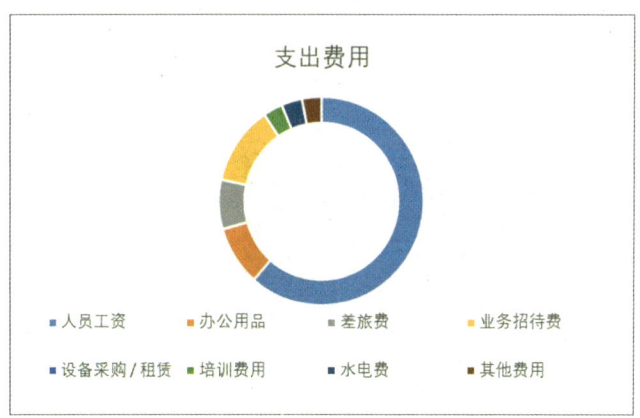

图3-43 创建圆环图

步骤3 设置图表标题。双击"支出费用"文本,并将其修改为"2024年1月份销售部各项支出占比圆环图"。

步骤4 添加数据标注。选中图表,单击"图表元素"按钮,将鼠标指针移到展开列表中的"数据标签"选项上,单击该选项右侧的▸按钮,在展开的子列表中选择"数据标注"选项,如图3-44所示。

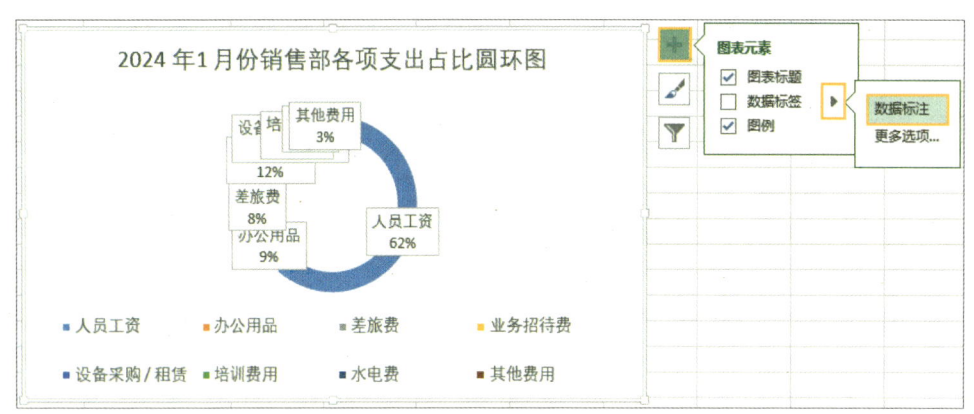

图3-44 添加数据标注

步骤5 调整图表大小。选中图表,将鼠标指针移到图表的右下角控制点上,当鼠标指针变成⤡时,按住鼠标左键并拖动,至合适大小后释放鼠标。

步骤6 设置数据标注。按住鼠标左键并拖动数据标注,至合适位置后释放鼠标,如图3-45所示。

步骤7 设置图表样式。单击"图表样式"按钮,在展开的列表中选择"样式2"选项,如图3-46所示。"2024年1月份销售部各项支出占比圆环图"效果如图3-47所示。

项目 3　Excel 数据可视化

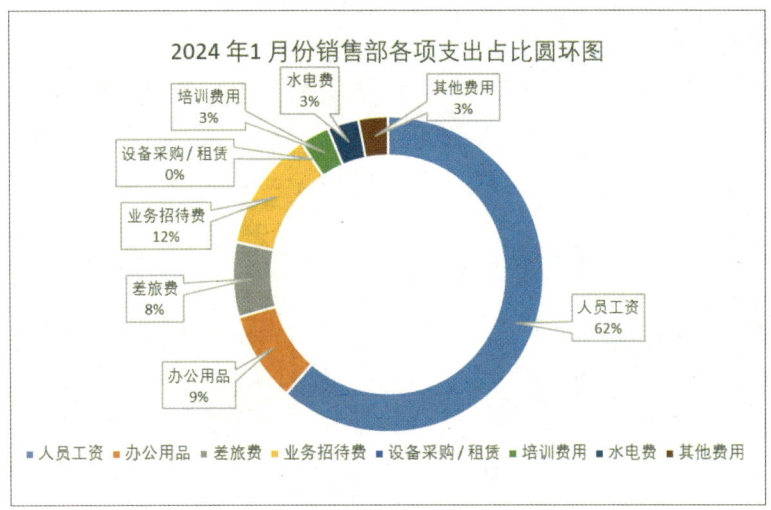

图 3-45　设置数据标注

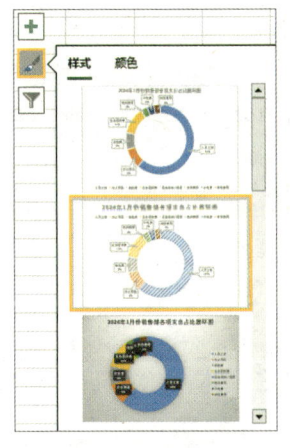

图 3-46　设置图表样式

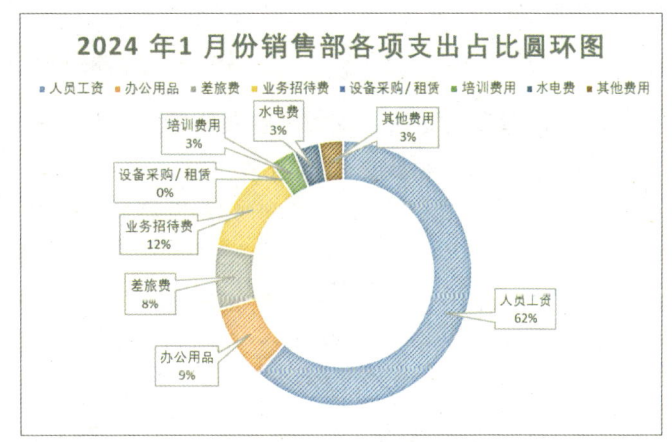

图 3-47　"2024 年 1 月份销售部各项支出占比圆环图"效果

【结果分析】　从图 3-47 可以看出，1 月份销售部的人员工资支出占比最多，业务招待费支出占比排名第二。

4. 2024 年上半年部分部门支出数据可视化

使用雷达图展示 2024 年上半年销售部、市场部、研发部和财务部 4 个部门的支出数据，以便公司直观地分析不同数据之间的差异。

步骤1　选择数据区域。切换到"2024 年各部门支出"工作表，选择单元格区域"A2:G6"。

步骤2　创建雷达图。在"插入"选项卡"图表"组中单击"插入瀑布图、漏斗图、股价图、曲面图或雷达图"下拉按钮，在展开的下拉列表中选择"雷达图"选项，如图 3-48 所示。

61

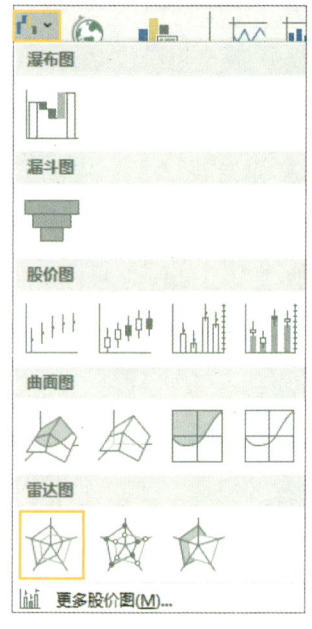
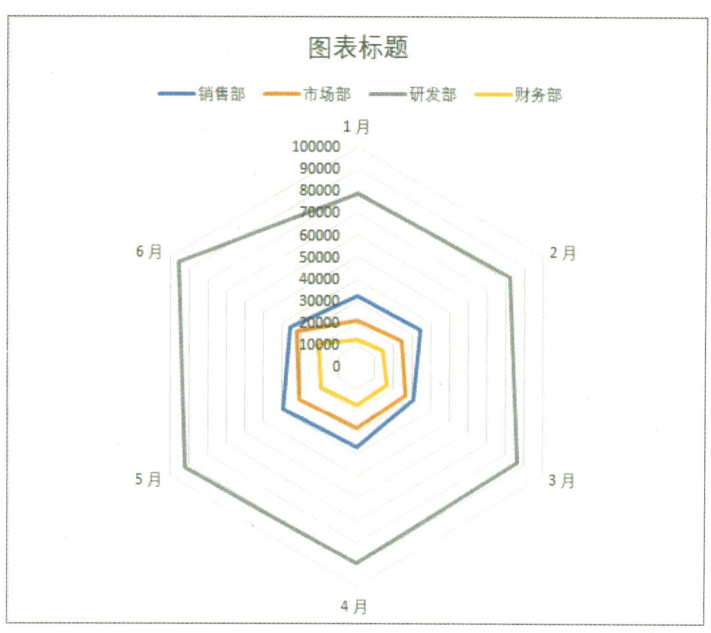

图 3-48 创建雷达图

步骤3 编辑雷达图。双击"图表标题"文本，并将其修改为"2024年上半年部分部门支出雷达图"，效果如图 3-49 所示。

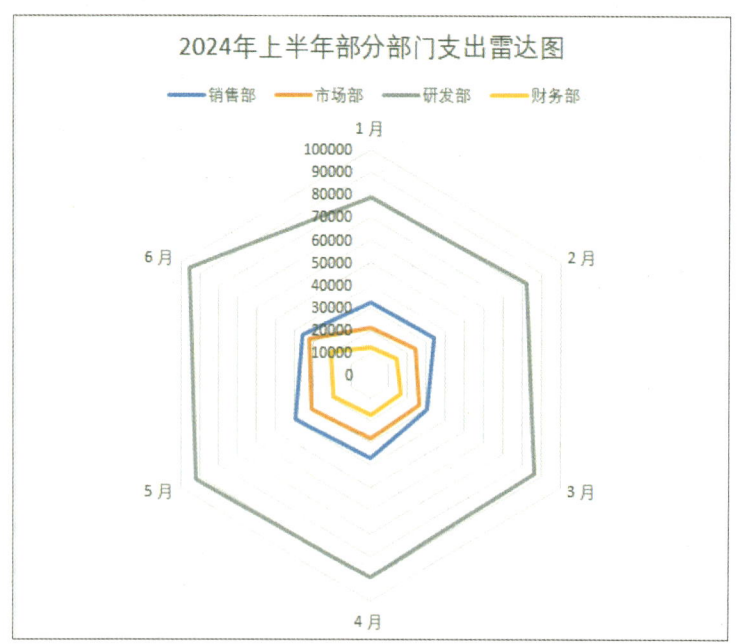

图 3-49 "2024年上半年部分部门支出雷达图"效果

【结果分析】 从图 3-49 可以看出，上半年不同部门的支出比较均衡；6月份市场部的支出比其他月份高；研发部上半年的支出明显高于其他部门。

5. 2024年1月份生产部和物流部各项支出数据可视化

使用树状图（矩形树图）展示2024年1月份生产部和物流部的各项支出数据，直观地呈现数据项的层级关系和占比情况。

步骤1 选择数据区域。切换到"2024年1月各部门支出明细"工作表，选择单元格区域"A2:C2"，然后按住"Ctrl"键，继续选择单元格区域"A59:C74"。

步骤2 创建树状图。在"插入"选项卡"图表"组中单击"插入层次结构图表"下拉按钮，在展开的下拉列表中选择"树状图"选项，如图3-50所示。

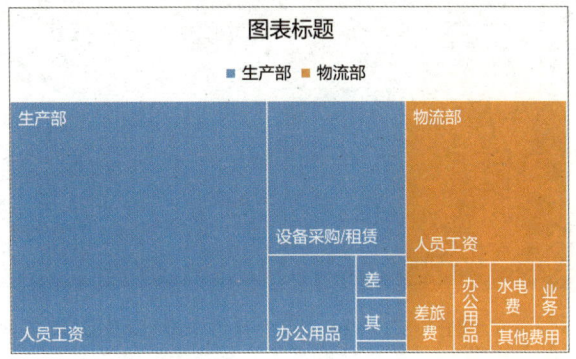

图3-50 创建树状图

步骤3 设置图表标题。双击"图表标题"文本，并将其修改为"2024年1月份生产部和物流部各项支出树状图"。

步骤4 添加数据标签。选中图表，单击"图表元素"按钮，将鼠标指针移到展开列表中的"数据标签"选项上，单击该选项右侧的▶按钮，在展开的子列表中选择"其他数据标签选项"选项，在打开的"设置数据标签格式"窗格中勾选"值"复选框，如图3-51所示。

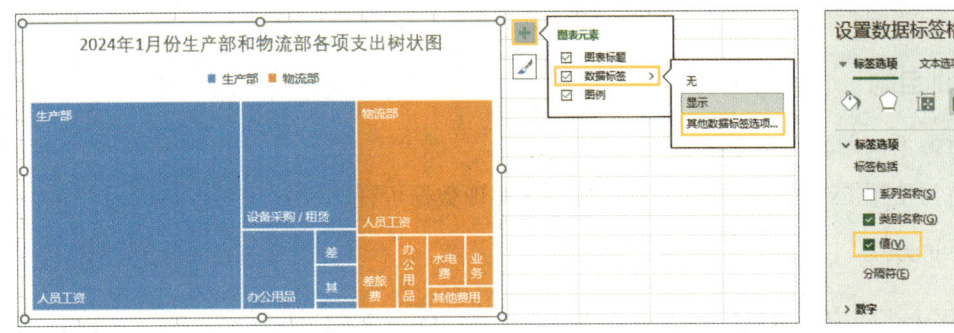

图3-51 添加数据标签

步骤5 调整图表的大小，"2024年1月份生产部和物流部各项支出树状图"效果如图3-52所示。

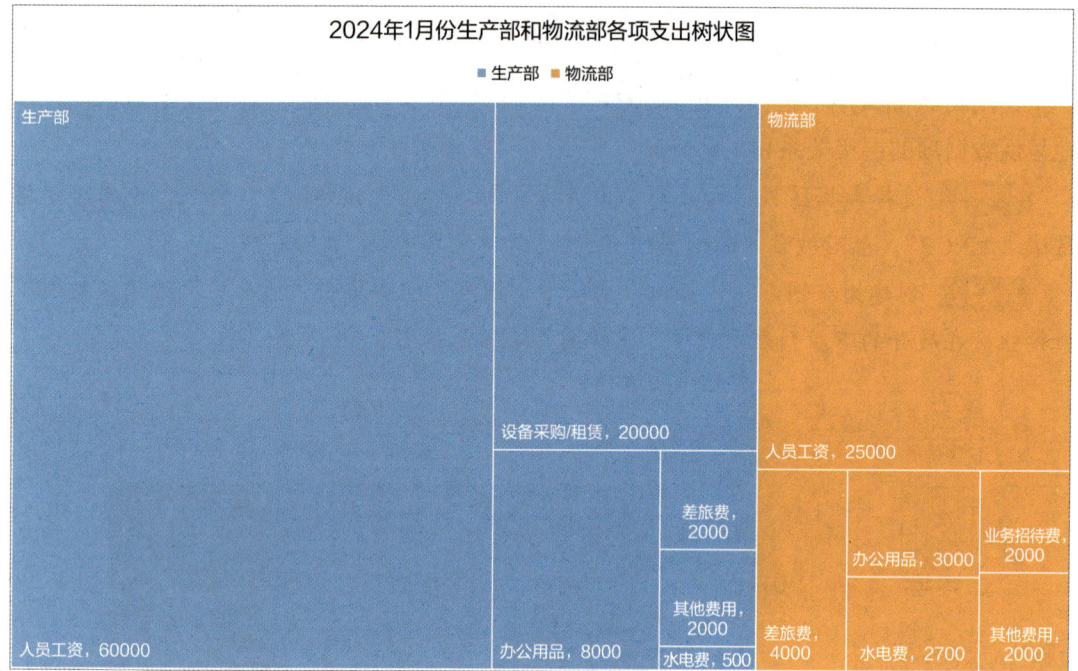

图 3-52 "2024 年 1 月份生产部和物流部各项支出树状图"效果

【结果分析】 从图 3-52 可以看出，1 月份生产部比物流部的总支出多；这两个部门的人员工资支出均占比最多；生产部的水电费支出占比最少，物流部的业务招待费和其他费用支出占比最少。

项目实训

1. 实训目的

（1）掌握不同图表的功能。
（2）练习使用 Excel 创建各种图表的方法，实现数据可视化。

2. 实训内容

"某地区上半年空气质量指数 .xlsx"文件中的数据如图 3-53 所示。

日期	空气质量指数（AQI）	PM$_{2.5}$浓度	PM$_{10}$浓度	SO$_2$浓度	CO浓度	NO$_2$浓度	O$_3$浓度
1/1	79	58	64	8	0.7	57	23
1/2	112	84	73	10	1	71	7
1/3	68	49	51	7	0.8	49	3
1/4	90	67	57	7	1.2	53	18
1/5	110	83	65	7	1	51	46
1/6	65	47	58	6	1	43	6
1/7	50	18	19	5	1.5	40	43
1/8	69	50	49	7	0.9	39	45

图 3-53 "某地区上半年空气质量指数 .xlsx"文件中的数据（部分）

使用 Excel 对上述数据进行可视化。

（1）将本书配套素材中的"素材与实例"/"项目 3"/"项目实训"/"某地区上半年空气质量指数 .xlsx"文件导入 Excel。

（2）绘制折线图，展示不同日期 PM$_{2.5}$ 浓度和 PM$_{10}$ 浓度的变化趋势。

（3）绘制直方图，展示空气质量指数的分布情况。

（4）绘制散点图，展示 PM$_{2.5}$ 浓度、PM$_{10}$ 浓度与空气质量指数的相关性。

项目考核

1. 选择题

（1）Excel 的（　　）功能可以将数据以图表的方式展示出来。

  A．数据获取与存储　　　　　　B．数据处理与分析

  C．数据可视化　　　　　　　　D．打印与导出

（2）Excel 的特点不包括（　　）。

  A．灵活性高　　　　　　　　　B．易于操作

  C．数据集成性强　　　　　　　D．不支持动态图表

（3）在 Excel 的工作界面中，（　　）中包含 Excel 提供的大部分命令。

  A．标题栏　　　　　　　　　　B．功能区

  C．名称框　　　　　　　　　　D．工作表标签

（4）Excel 的常用图表中，（　　）适用于展示数据随时间变化的趋势。

  A．折线图　　　　　　　　　　B．饼图

  C．条形图　　　　　　　　　　D．雷达图

（5）在 Excel 中，图表的（　　）可以显示数据的类别名称、具体数值、所占比例等。

  A．图表标题   B．网格线

  C．数据标签   D．图例

（6）设置图表元素、样式、筛选器时，（　　）用于添加或删除图表中的各种元素。

  A．"图表样式"按钮   B．"图表元素"按钮

  C．"图表筛选器"按钮   D．"图表元素"按钮

2．判断题

（1）Excel 允许用户直接向表格中输入数据，还允许用户从外部数据源中获取数据，并能够以表格的形式存储各种类型的数据。（　　）

（2）Excel 可以直接从多种数据源中获取数据，如 Excel 文件、CSV 文件、数据库数据等。（　　）

（3）在 Excel 工作界面中，名称框用于显示当前工作表的信息和状态。（　　）

（4）在 Excel 中，图表区是整个图表边框以内的区域，所有图表元素都在该区域中。（　　）

（5）在"设置图表区格式"窗格的"图表选项"选项卡中可设置图表区的填充、边框、发光、大小等属性。（　　）

项目评价

请学生结合本项目的学习情况，对学习成果进行自评和互评（组内成员相互评分），请指导教师进行师评和总评，并将评价结果填入表 3-2 中。

表 3-2　学习成果评价表

评价项目	评价内容	评价分数			
		分值	自评	互评	师评
项目完成度（20%）	项目准备阶段，回答问题清晰准确，紧扣主题，没有明显错误	5 分			
	项目实施阶段，根据操作步骤完成本项目	5 分			
	项目实训阶段，出色地完成实训内容	5 分			
	项目考核阶段，完成考核题目	5 分			

续表

评价项目	评价内容	评价分数			
		分值	自评	互评	师评
知识（35%）	Excel 的常用功能、特点和工作界面	10 分			
	Excel 中常用的图表和图表的组成元素	10 分			
	Excel 数据可视化的基本流程	15 分			
技能（35%）	选择合适的图表展示不同的数据	10 分			
	使用 Excel 获取数据、创建图表、编辑图表，实现数据可视化	25 分			
素养（10%）	养成自主学习的良好习惯，提高专业技能和职业素养	5 分			
	培养学以致用、举一反三的能力	5 分			
合计		100 分			
总评	综合得分：_____ 综合等级：_____	指导教师签字：_____			

注：综合得分可按照"自评（25%）+ 互评（25%）+ 师评（50%）"进行计算；综合等级可以"优"（综合得分≥90 分）、"良"（80 分≤综合得分＜90 分）、"中"（60 分≤综合得分＜80 分）、"差"（综合得分＜60 分）为标准进行评价。

项目 4

Tableau 数据可视化

项目导读

Tableau 是一款专注于数据分析和可视化的商业智能软件,旨在帮助企业快速进行数据分析、可视化和共享。Tableau 提供拖放式操作,用户无需编写代码就可以进行复杂的数据分析和可视化。本项目先介绍 Tableau 数据可视化的相关知识,然后使用 Tableau 实现某公司营销数据可视化。

项目目标

◎ **知识目标**

- 熟悉 Tableau 的产品和特点,以及 Tableau 中常用的图表。
- 掌握 Tableau 的工作界面,包括开始界面和工作区界面。
- 熟悉 Tableau 数据可视化的基本流程。

◎ **技能目标**

- 能够选择合适的图表展示不同的数据。
- 能够使用 Tableau 连接数据源和管理数据、制作工作表、制作仪表板、制作故事。
- 能够保存和导出 Tableau 中的工作成果。

◎ **素养目标**

- 提升分析问题和处理问题的能力,培养系统化思维。
- 锻炼具体问题具体分析的思维方式,增强积极主动寻求解决方法的意识。

项目 4　Tableau 数据可视化

项目准备

全班学生以 3~5 人为一组进行分组，各组选出组长。组长组织组员扫码观看"Tableau 简介"视频，讨论并回答下列问题。

问题 1：Tableau 的常用功能有哪些？

问题 2：Tableau 内置的数据分析功能有哪些？

Tableau 简介

4.1　Tableau 概述

4.1.1　Tableau 的产品

　　Tableau 凭借其直观的操作界面、丰富的可视化选项和强大的数据分析能力，成为众多企业进行数据分析和可视化的首选工具。Tableau 包含一系列产品，包括 Tableau Desktop、Tableau Server 和 Tableau Cloud 等。

　　（1）Tableau Desktop。它是 Tableau 的桌面端可视化软件，提供了数据连接、数据分析和数据可视化等功能。用户可以通过简单的拖放操作，快速创建各种可视化图表。Tableau Desktop 适合个人用户或中小型企业。

　　（2）Tableau Server。它是 Tableau 的企业级数据共享与协作平台，主要用于发布和管理 Tableau Desktop 制作的可视化内容。用户可以通过 Web 浏览器查看可视化内容并进行数据交互。此外，Tableau Server 还具备强大的权限管理功能，管理员可以根据用户角色设置不同的访问权限。Tableau Server 适合大型企业和组织。

　　（3）Tableau Cloud。它是 Tableau Server 的云端版本，用户无需部署服务器即可使用，适用于远程办公和外部协作等场景。

69

4.1.2 Tableau 的特点

Tableau 具有易于操作、数据集成性强、图表交互性强、自定义程度高、数据分析能力强、安全性高、数据处理能力强等特点,如表 4-1 所示。

表 4-1 Tableau 的特点

特 点	说 明
易于操作	Tableau 的操作界面直观且友好,用户通过简单的拖放操作就能创建交互式图表和仪表板
数据集成性强	Tableau 能够连接多种数据源,如 Excel 表格、MySQL 等关系型数据库、MongoDB 等非关系型数据库,实现数据集成。此外,Tableau 还可以连接实时数据源,实时监控业务指标和数据变化
图表交互性强	Tableau 支持在图表中添加筛选、排序等多种交互功能
自定义程度高	Tableau 提供了丰富的自定义功能,支持用户对可视化图表的样式、筛选器、仪表板等进行自定义
数据分析能力强	Tableau 提供了强大的数据分析功能,如数据聚合、排序、分组、计算等,帮助用户对数据进行深入分析和挖掘
安全性高	Tableau 提供了数据安全机制,包括用户权限管理、数据加密等功能,能够确保企业数据的保密性和安全性,满足企业级应用的要求
数据处理能力强	Tableau 可以轻松处理数百万行数据

尽管 Tableau 提供了强大且易用的功能,但其许可证的费用对于预算有限的小型企业和个人用户来说相对较高。因此,在选择数据可视化工具时,需要权衡功能需求与成本效益,以找到最适合的解决方案。

4.1.3 Tableau 中常用的图表

Tableau 是一款专业的数据可视化工具,它提供了丰富多样的图表类型,如文本表、热图、突出显示表、符号地图、地图、饼图、水平条(条形图)、堆叠条(堆积柱形图)、并排条(簇状柱形图)、树状图(矩形树图)、圆视图、并排圆、折线图(连续)、折线图(离散)、双线图、面积图(连续)、面积图(离散)、双组合图(组合图)、散点图、直方图、盒须图(箱形图)、甘特图、靶心图、填充气泡图等。在 Tableau 中,用户选择字段后,可在"智能显示"窗格中选择合适的图表,如图 4-1 所示。

图 4-1 "智能显示"窗格

4.2 Tableau 的工作界面

4.2.1 开始界面

打开浏览器，访问 Tableau 的官网（https://www.tableau.com/zh-cn/products/desktop），下载 Tableau Desktop 安装文件，然后双击安装文件并根据提示进行安装。安装完成后，双击桌面上的 Tableau 图标，即可启动 Tableau。

启动 Tableau 后，默认新建一个工作簿并进入 Tableau 的开始界面。Tableau 的开始界面主要由 按钮、"连接"列表、"打开"区域和"快速启动"区域组成，如图 4-2 所示。

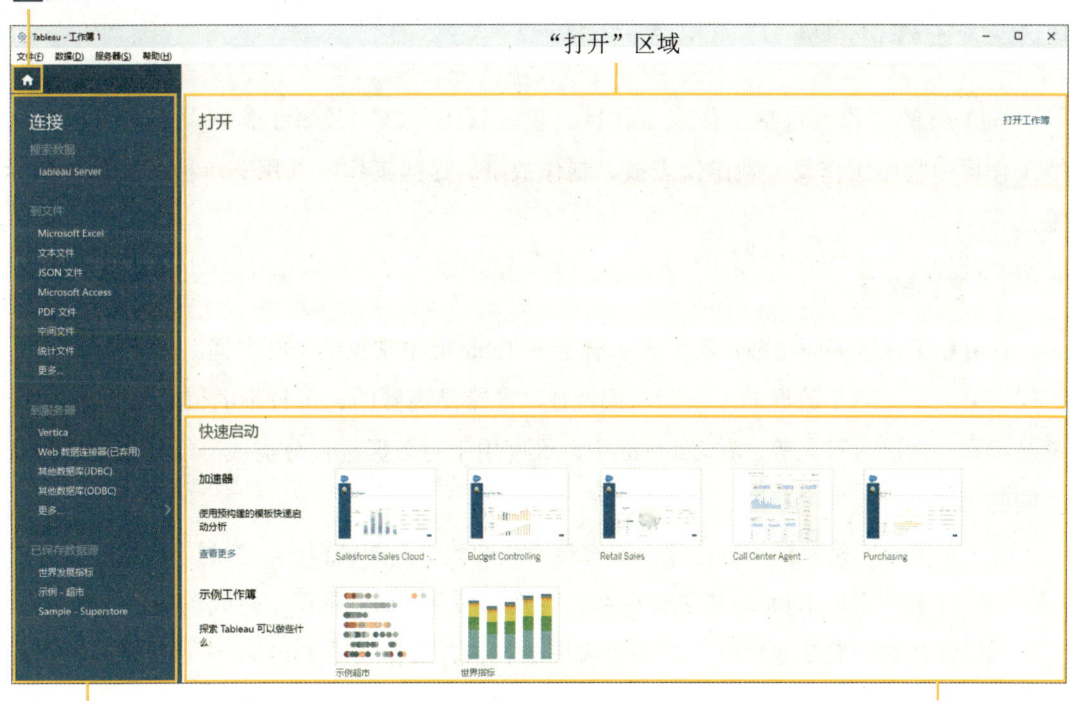

图 4-2　Tableau 的开始界面

（1）按钮。单击该按钮可以隐藏开始界面。

（2）"连接"列表。该列表中包含"搜索数据""到文件""到服务器""已保存数据源"等类别，用户可以选择不同类别中的选项连接不同类型的数据源。

①"搜索数据"类别。选择该类别中的选项，用户可以在打开的对话框中登录 Tableau Server，并从 Tableau Server 中获取数据。

②"到文件"类别。该类别中包含多个选项，支持用户连接不同的本地文件，如 Microsoft Excel、文本文件、JSON 文件、Microsoft Access、PDF 文件等。

③"到服务器"类别。该类别中包含多个选项，允许用户连接各种服务器，包括 Vertica、MySQL、Oracle、Hive 和 MongoDB 等。连接服务器时需要提供服务器的连接信息，如主机名、端口号和认证信息等。连接成功后，用户便可以访问服务器上的数据。

④"已保存数据源"类别。该类别中会显示已保存的数据源，以便用户快速打开之前连接过的数据源。

（3）"打开"区域。在该区域中单击右上角的"打开工作簿"链接文字，通过打开的"打开"对话框可以打开指定工作簿；而且该区域中会显示近期打开的工作簿。

（4）"快速启动"区域。选择该区域中的选项可以快速打开加速器或示例工作簿。

4.2.2　工作区界面

Tableau 的工作区包括工作表工作区、仪表板工作区、故事工作区，用户可以在这些工作区中制作工作表、制作仪表板、制作故事。这些工作区共用菜单栏、工具栏和标签栏。

1. 名词解释

在介绍工作区界面之前，我们先了解一下 Tableau 中常见的一些名词。

（1）维度。它是数据的一个属性或特征，通常是离散的、可枚举的值，如产品名称、产品类别、地区、日期等。在 Tableau 中，维度用于对数据进行分类或分组，帮助用户从不同的角度分析数据。

（2）度量。它是数据的量化值，通常是连续的数值，如销售额、利润、销量等。

（3）视图。它是 Tableau 中创建的数据可视化图表，如柱形图、折线图等。

（4）工作表。它是包含一个或多个视图的表格。工作表是 Tableau 进行数据分析和可视化的基本单位。

（5）仪表板。它是由多个工作表和对象组成的集合。用户可以在仪表板上布局和设计多个工作表和对象，以便同时从多个视角展示数据和分析结果。

（6）故事。它是由一系列有序排列的工作表或仪表板组成的集合，用于讲述数据背后的逻辑和情节。用户可以通过新建故事，将相关的数据可视化结果按照一定的顺序展示出来，向观众呈现一个完整的数据分析过程。

(7) **工作簿**。它是存放数据可视化结果的容器，通常包含工作表、仪表板和故事。

2. 工作表工作区

工作表工作区用于新建视图，其界面如图 4-3 所示。

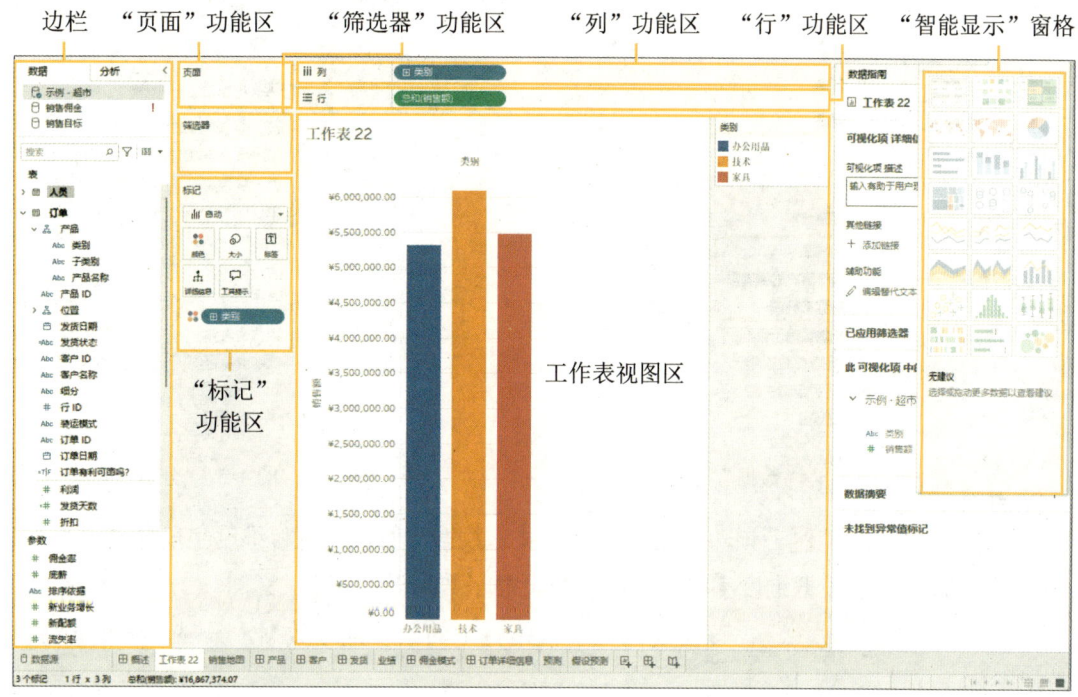

图 4-3 工作表工作区界面

工作表工作区界面的主要组件如下。

(1) **边栏**。工作表工作区的边栏包括"数据"边栏和"分析"边栏。

①"数据"边栏。该边栏中包含数据源、搜索框、"查看数据"按钮、维度字段和度量字段等，如图 4-4 所示。

- 数据源。数据源中包括当前连接的数据源和其他可用的数据源。
- 搜索框。在搜索框中输入字段名称，即可在"数据"边栏中搜索相应的字段。
- "查看数据"按钮。单击该按钮，即可在打开的对话框中查看数据源中的数据。
- 维度字段。维度字段的图标颜色为蓝色，所有维度字段会集中显示在一个位置。
- 度量字段。度量字段的图标颜色为绿色，所有度量字段会集中显示在一个位置。

②"分析"边栏。该边栏对常用的分析功能进行了整合，方便用户分析数据。"分析"边栏主要由"汇总"区域、"模型"区域和"自定义"区域组成，如图 4-5 所示。

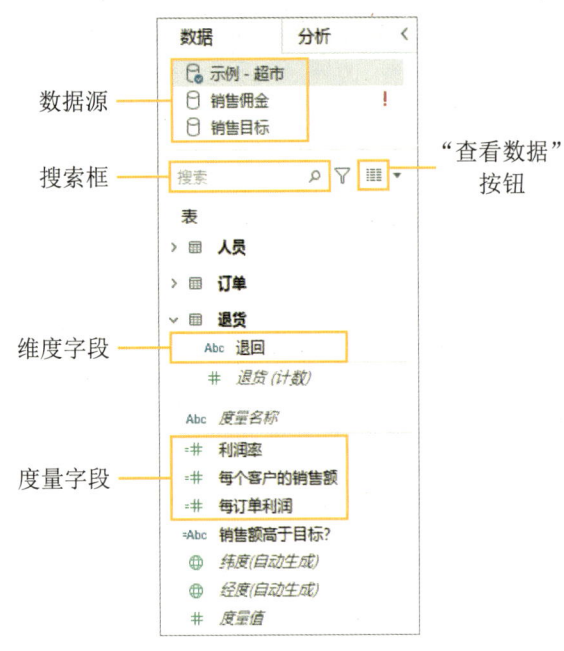

图 4-4 "数据"边栏　　　　　图 4-5 "分析"边栏

（2）"页面"功能区。该功能区用于分页展示数据，用户可以将维度字段拖到"页面"功能区，Tableau 会根据维度字段的不同值分页显示数据。

（3）"筛选器"功能区。该功能区用于根据特定的条件筛选数据，只显示满足条件的数据子集。

（4）"标记"功能区。该功能区包含一个下拉列表框和多个标记卡，使用它们可以自定义视图的外观。

① "自动"下拉列表框。单击该下拉列表框，可以在展开的下拉列表中选择不同的标记，如线、区域、圆等。

② "颜色"标记卡。将"数据"边栏中的字段拖到"颜色"标记卡上，即可设置该字段标记的颜色，并生成对应的颜色图例。

③ "大小"标记卡。将"数据"边栏中的字段拖到"大小"标记卡上，即可设置该字段标记的大小。

④ "标签"标记卡。将"数据"边栏中的字段拖到"标签"标记卡上，即可显示该字段的数据标签。

⑤ "详细信息"标记卡。将"数据"边栏中的字段拖到"详细信息"标记卡上，即可对该字段进行分类。

⑥ "工具提示"标记卡。Tableau 会自动将"标记"功能区、"行"功能区、"列"功能区中的字段添加到"工具提示"标记卡中。当鼠标指针移到视图中的某一数据点时，会自动显示该数据点的提示信息。

项目 4　Tableau 数据可视化

> **小提示**
>
> "颜色"标记卡和"大小"标记卡上只能放置一个字段,当再次拖放一个字段时,新拖放的字段会覆盖之前的字段;当"行"功能区和"列"功能区没有字段时,"标签"标记卡显示的是"文本"标记卡。

(5)"列"功能区和"行"功能区。它们通常用于放置字段,以构建视图的基础结构。

(6)工作表视图区。该区域主要用于显示视图。

(7)"智能显示"窗格。根据所选字段,在"智能显示"窗格中突出显示最相符的可视化图表类型。

3. 仪表板工作区

仪表板工作区用于将多个工作表和对象整合在一起,其界面如图 4-6 所示。

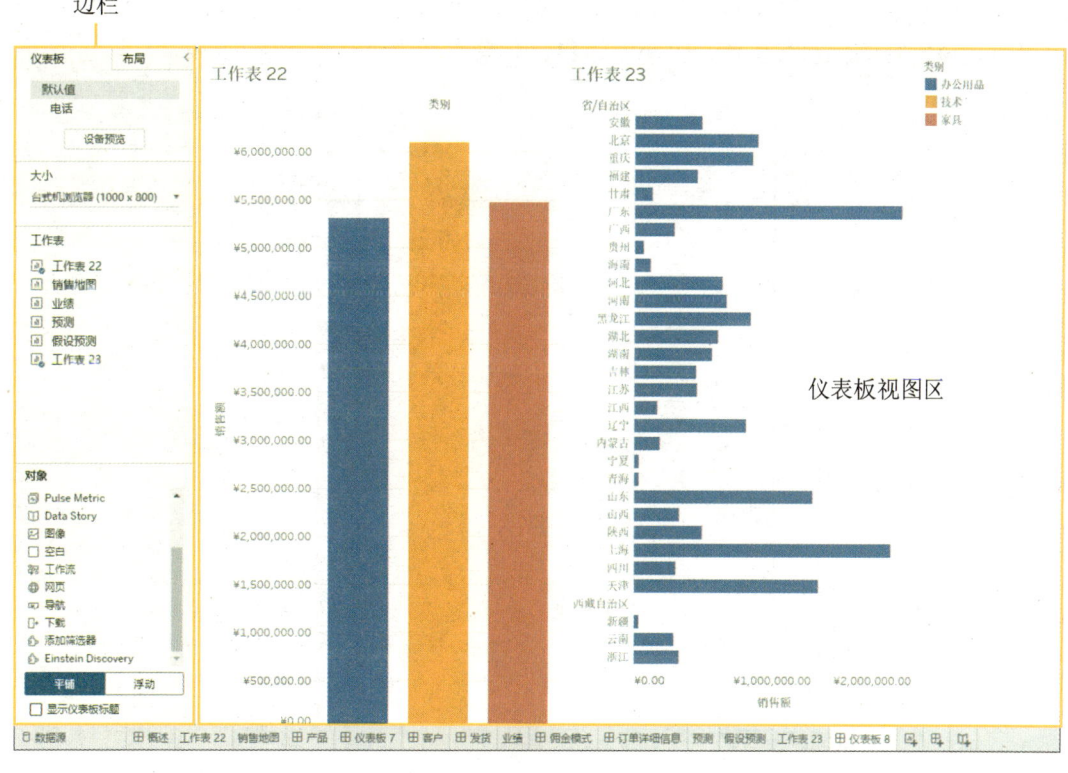

图 4-6　仪表板工作区界面

仪表板工作区界面的主要组件如下。

(1)边栏。仪表板工作区的边栏包括"仪表板"边栏和"布局"边栏。

①"仪表板"边栏。该边栏主要由设备预览区域、"大小"区域、"工作表"区域和"对象"区域组成。

75

- 设备预览区域。该区域用于显示已添加的布局，选择已添加的布局选项，即可应用该布局。此外，右击设备预览区域，在弹出的快捷菜单中可以选择需要添加的布局，如图4-7所示。

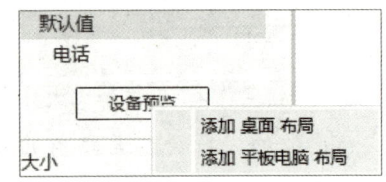

图4-7 设备预览区域快捷菜单

- "大小"区域。在该区域中单击下拉列表框，在展开的下拉列表中可以设置仪表板的大小，如图4-8所示。其中，"固定大小"是指仪表板的大小始终不变，不随显示仪表板的窗口的大小而变化；"自动"是指仪表板的大小随显示仪表板的窗口的大小而变化；"范围"是指仪表板的大小在设置的最小尺寸和最大尺寸之间变化。
- "工作表"区域。该区域显示当前工作簿中的所有工作表，将工作表拖到右侧的仪表板视图区，该工作表左侧的图标将呈现选中状态☑。
- "对象"区域。该区域显示仪表板支持的对象，如图像、空白等。

②"布局"边栏。选中仪表板视图区中的相应内容，在"布局"边栏（见图4-9）中可以设置该内容的标题、位置、大小、边界、背景、外边距等。

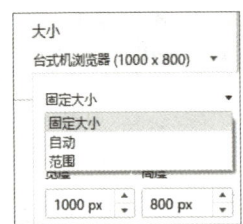

图4-8 "大小"区域下拉列表

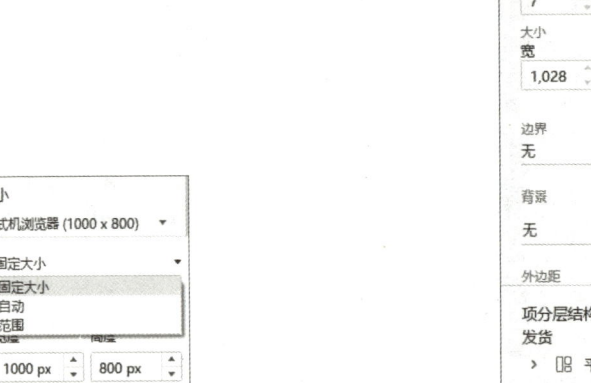

图4-9 "布局"边栏

（2）仪表板视图区。该区域主要用于显示仪表板。

4. 故事工作区

故事工作区用于将多个工作表和仪表板整合在一起，其界面如图4-10所示。

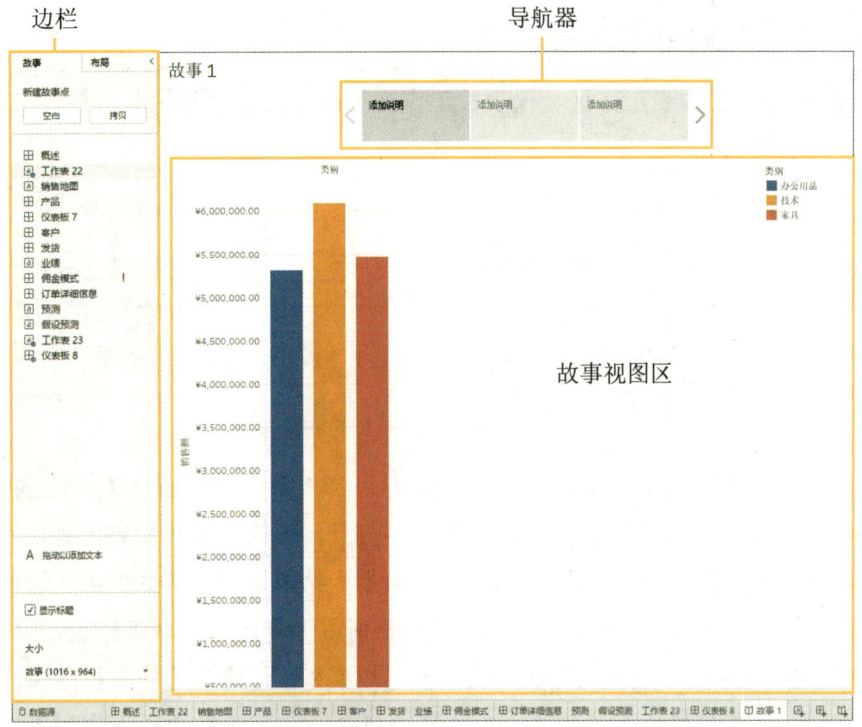

图 4-10　故事工作区界面

故事工作区界面的主要组件如下。

（1）**边栏**。故事工作区的边栏包括"故事"边栏和"布局"边栏。

①"故事"边栏。该边栏主要由"新建故事点"区域、工作表和仪表板区域、"拖动以添加文本"按钮、"显示标题"复选框和"大小"区域等组成。

- "新建故事点"区域。在该区域中单击"空白"按钮，可以添加故事点；单击"拷贝"按钮，可以复制上一个故事点。
- 工作表和仪表板区域。该区域中会显示已创建的工作表和仪表板。
- "拖动以添加文本"按钮。将该按钮拖到故事视图区，可以在故事视图区添加文本。
- "显示标题"复选框。用户勾选或取消勾选该复选框可以显示或取消显示故事的标题。
- "大小"区域。在该区域中单击下拉列表框，在展开的下拉列表中可以设置故事的大小。

②"布局"边栏。在该边栏中可以设置导航器的样式，也可以显示或隐藏导航器左侧按钮〈和右侧按钮〉。

（2）**导航器**。利用导航器可以切换故事点，利用其左侧和右侧的按钮，可以切换到上一个或下一个故事点。

（3）**故事视图区**。该区域主要用于显示故事。

5. 菜单栏、工具栏和标签栏

在 Tableau 中，工作表工作区、仪表板工作区和故事工作区共用菜单栏、工具栏和标签栏，如图 4-11 所示。

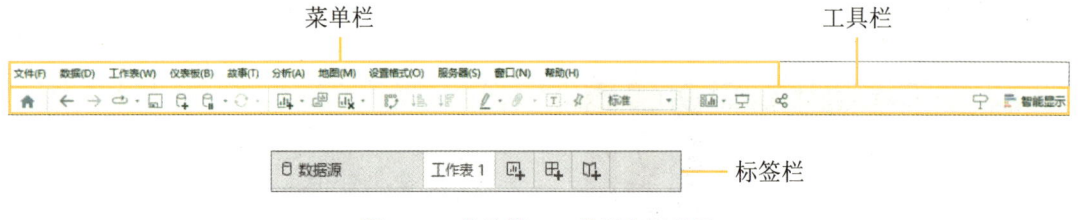

图 4-11　菜单栏、工具栏和标签栏

（1）**菜单栏**。菜单栏位于工作区上方，其中包含一系列的按钮，单击这些按钮可打开不同的菜单。其中，"文件"菜单可用于新建、打开、关闭、保存、导出、导入工作簿，还可用于设置页面、打印工作簿或工作表等；"数据"菜单用于连接数据源、管理数据等；"工作表"菜单、"仪表板"菜单、"故事"菜单分别用于新建和管理工作表、仪表板、故事；"设置格式"菜单用于设置工作表、仪表板、故事和工作簿等的外观和样式。

（2）**工具栏**。工具栏位于工作区上方，其中包含一系列的按钮和下拉列表框。其中，"撤销"按钮 ←、"重做"按钮 →、"保存"按钮 ⊟ 分别用于撤销操作、恢复撤销的操作、保存操作；"新建数据源"按钮 、"运行更新"按钮 分别用于连接数据源和更新数据源；单击"标准"下拉列表框，在展开的下拉列表中可以设置视图适应窗口的方式；单击"智能显示"按钮，可显示或隐藏"智能显示"窗格。

（3）**标签栏**。标签栏位于工作区下方，它主要用于显示已创建的工作表、仪表板和故事的标签。标签栏中的"新建工作表"按钮 、"新建仪表板"按钮 、"新建故事"按钮 分别用于新建工作表、仪表板和故事。

4.3　Tableau 数据可视化的基本流程

Tableau 数据可视化的基本流程包括连接数据源和管理数据、制作工作表、制作仪表板、制作故事、保存和导出工作成果等。

 小提示

用户可根据需要选择是否制作仪表板或故事。

4.3.1 连接数据源和管理数据

1. 连接数据源

在 Tableau 中，用户可以在开始界面的"连接"列表中选择不同类别中的选项，连接不同类型的数据源；也可以在工具栏中单击"新建数据源"按钮 ，在展开的"连接"列表中选择不同类别中的选项，连接不同类型的数据源。

成功连接数据源后，自动进入数据源工作区界面，显示数据源中的字段和数据；工作表工作区的"数据"边栏中会显示工作簿所连接的数据源和数据源中的字段。

2. 管理数据

（1）修改字段的数据类型。

用户可以根据实际需要修改字段的数据类型。修改字段数据类型的方法有以下两种。

① 在数据源工作区界面中，单击字段对应的图标（如 ），在展开的列表中选择相应选项，即可修改字段的数据类型。

② 在工作表工作区界面中，将鼠标指针移到"数据"边栏中的字段上，单击字段右侧的下拉按钮 ，在展开的下拉列表中选择"更改数据类型"选项，在展开的子列表中选择相应选项，即可修改字段的数据类型，如图 4-12 所示。

（2）修改字段的数据角色。

在工作表工作区中，Tableau 会对数据源中的字段进行评估，自动将这些字段的数据角色划分为"维度"或"度量"。如果自动划分有误，用户可以在工作表工作区界面的"数据"边栏中将划分有误的字段拖到维度字段或度量字段的相应位置，即可修改字段的数据角色，如图 4-13 所示。

图 4-12　修改字段的数据类型

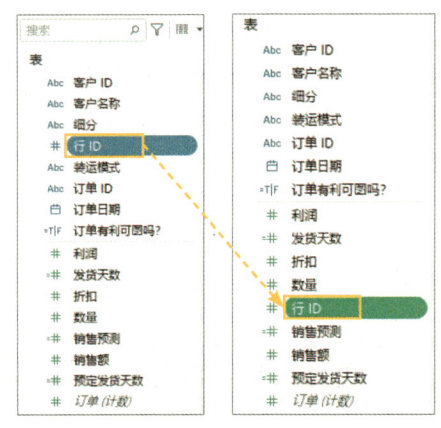

图 4-13　修改字段的数据角色

【例 4-1】 连接和管理 Microsoft Excel 中的男子体能测试成绩数据。

"男子体能测试成绩.xlsx"文件中包含班级、姓名、1 000 米项目用时、50 米项目用时、立定跳远测试结果、坐位体前屈测试结果、引体向上测试结果、肺活量、身高、体重、成绩、成绩等级等信息，如图 4-14 所示。

班级	姓名	1000米（分）	50米（秒）	立定跳远（厘米）	坐位体前屈（厘米）	引体向上（个）	肺活量（毫升）	身高（厘米）	体重（千克）	成绩	成绩等级
1	高某阳	4.22	8.88	195	12	1	2785	170	72.6	62.3	及格
1	郝某杰	4.27	7.7	225	11	7	3133	174	52.7	75.6	及格
1	田某聪	3.53	7.2	255	22	12	5324	183	63.4	95	优秀
1	郝某烨	4.15	8.45	218	14	1	3901	169	46.5	67.6	及格
1	牛某嘉	4.20	7.38	245	17	11	4423	167	53.9	84.75	良好
1	何某源	4.35	8.05	206	13	1	4946	183	79.7	69.4	及格
1	刘某鹏	3.73	7.52	210	13	9	3538	171	54.7	79.7	及格
1	刘某硕	3.82	7.94	190	20	7	3970	175	66.4	77.8	及格
1	吕某瑶	3.90	7.75	186	11	7	3710	173	53.9	75.3	及格
1	米某聪	4.05	8.06	195	3	1	5578	178	83.1	67.2	及格

图 4-14 "男子体能测试成绩.xlsx"文件中的数据（部分）

步骤1 启动 Tableau，默认新建一个工作簿并进入开始界面。

步骤2 在开始界面的"连接"列表中选择"到文件"类别中的"Microsoft Excel"选项。

步骤3 在打开的"打开"对话框中选择要连接的数据源，此处为本书配套素材中的"素材与实例"/"项目 4"/"男子体能测试成绩.xlsx"文件，单击"打开"按钮，如图 4-15 所示。

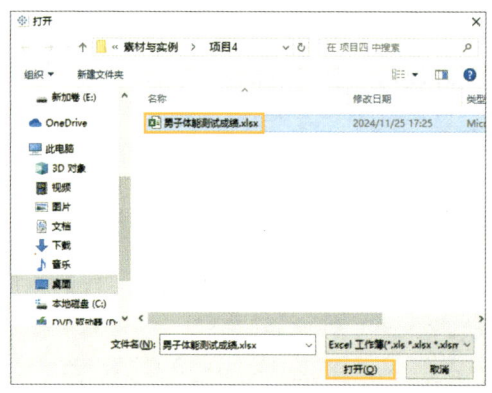

图 4-15 连接数据源

步骤4 修改字段的数据类型。进入数据源工作区界面，单击"班级"字段对应的图标#，在展开的列表中选择"字符串"选项（见图 4-16），然后在工具栏中单击"刷新数据源"按钮。

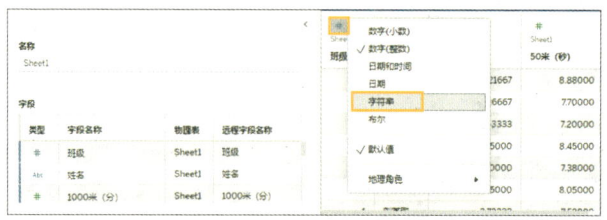

图 4-16 修改字段的数据类型

项目 4　Tableau 数据可视化

> **小提示**
>
> 在 Excel 中修改并保存"男子体能测试成绩 .xlsx"文件中的数据后,在 Tableau 的工具栏中单击"刷新数据源"按钮 ,即可在 Tableau 中同步修改数据。

4.3.2　制作工作表

在 Tableau 中,用户在标签栏中单击工作表标签,即可转到工作表并进入其工作区界面。在标签栏中单击"新建工作表"按钮 ,或者在"工作表"菜单中选择"新建工作表"选项(见图 4-17),即可新建一个工作表并进入其工作区界面。

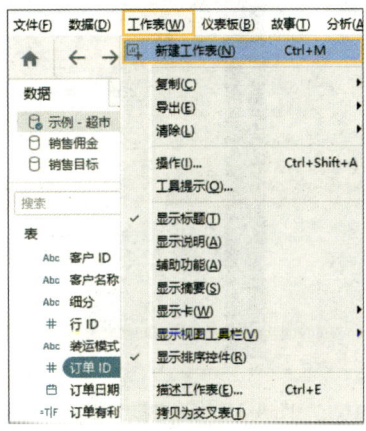

图 4-17　选择"新建工作表"选项

在工作表工作区界面中,将"数据"边栏中的字段拖到"行"功能区和"列"功能区,然后在"智能显示"窗格中选择合适的图表类型,即可制作不同的图表,从而展示不同的数据。

【例 4-2】使用直方图展示男子体能测试成绩中 1 000 米项目用时数据分布情况。

步骤1　转到工作表。在标签栏中单击"工作表 1"标签(见图 4-18),转到"工作表 1"并进入其工作区界面。

图 4-18　单击"工作表 1"标签

81

步骤2 创建直方图。将"数据"边栏中的"1000米(分)"字段拖到"行"功能区,然后在"智能显示"窗格中选择直方图选项,如图4-19所示。此时,"数据"边栏中会自动生成一个"1000米(分)(数据桶)"字段。

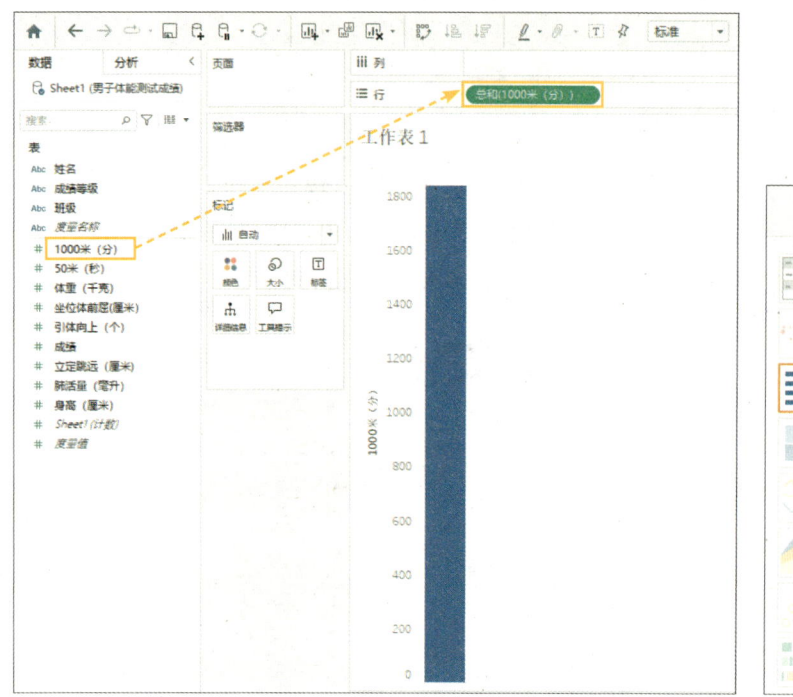

图4-19 创建直方图

步骤3 修改X轴标题。双击X轴标题,在打开的"编辑轴[1000米(分)(数据桶)]"对话框"轴标题"区域的"标题"编辑框中输入"1000米项目用时(分)"(见图4-20),关闭对话框。

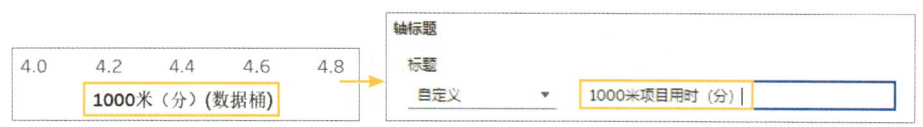

图4-20 修改X轴标题

步骤4 设置直方图的数据桶大小。在"数据"边栏中右击"1000米(分)(数据桶)"字段,在弹出的快捷菜单中选择"编辑"选项,然后在打开的"编辑数据桶[1000米(分)]"对话框的"数据桶大小"编辑框中输入"0.2",单击"确定"按钮,如图4-21所示。

步骤5 修改直方图标题。在工作表视图区中双击"工作表1"文本,在打开的"编辑标题"对话框的编辑框中输入"1000米项目用时分布情况直方图",单击"确定"按钮,如图4-22所示。

项目 4　Tableau 数据可视化

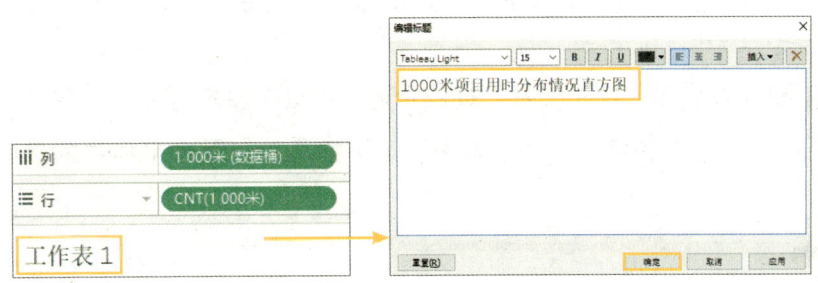

图 4-21　设置直方图的数据桶大小

图 4-22　修改直方图标题

步骤6　修改工作表名称。在标签栏中双击"工作表 1"标签，输入"直方图"，并按"Enter"键，如图 4-23 所示。"1000 米项目用时分布情况直方图"效果如图 4-24 所示。

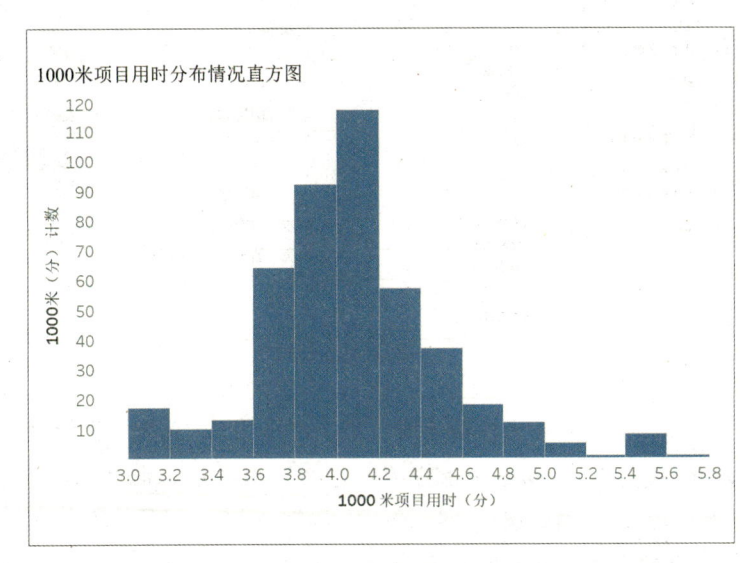

图 4-23　修改工作表名称　　　　　　　图 4-24　"1000 米项目用时分布情况直方图"效果

83

【结果分析】 从图 4-24 可以看出，1 000 米项目用时集中在 3.6 分钟至 4.4 分钟。其中，用时 4.0 分钟左右的学生人数最多，超过 110 人。

小提示

当图表标题和工作表名称一致时，在标签栏中修改工作表名称可同步修改图表标题。

【例 4-3】 使用盒须图（箱形图）展示不同班级的平均成绩。

步骤1 新建工作表。在标签栏中单击"新建工作表"按钮，新建"工作表 2"并进入其工作区界面。

步骤2 设置行。将"数据"边栏中的"成绩"字段拖到"行"功能区，然后将鼠标指针移到"行"功能区中的"总和(成绩)"字段上，单击该字段右侧的下拉按钮，在展开的下拉列表中选择"度量(总和)"选项，在展开的子列表中选择"平均值"选项，如图 4-25 所示。

步骤3 创建盒须图。将"数据"边栏中的"班级"字段拖到"详细信息"标记卡上，按照班级对成绩数据进行分类，然后在"智能显示"窗格中选择盒须图选项，如图 4-26 所示。

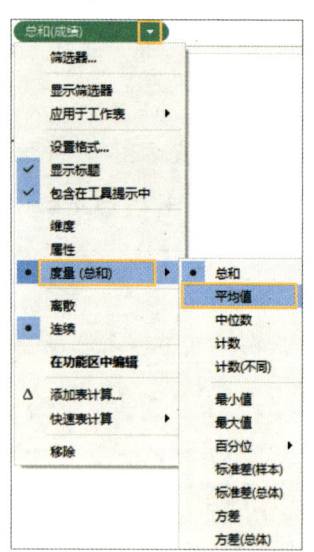

图 4-25 设置行

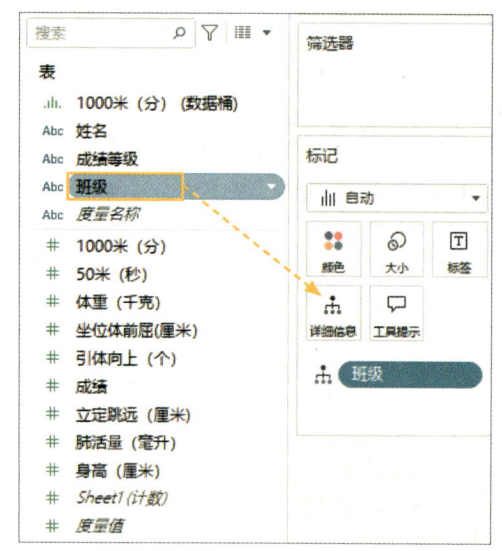

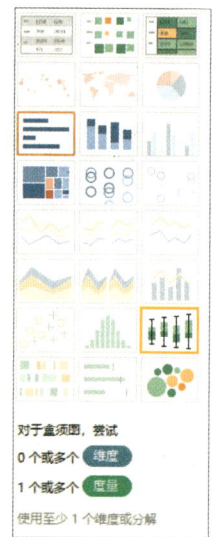

图 4-26 创建盒须图

步骤4 设置坐标轴范围。双击"平均值 成绩"坐标轴标题，在打开的"编辑轴 [平均值 成绩]"对话框中选中"自定义"单选钮，在"固定开始"编辑框中输入"70"（见图 4-27），关闭对话框。

步骤5 修改盒须图标题和工作表名称。将盒须图标题修改为"不同班级平均成绩盒须图",将工作表名称修改为"盒须图"。"不同班级平均成绩盒须图"效果如图 4-28 所示。

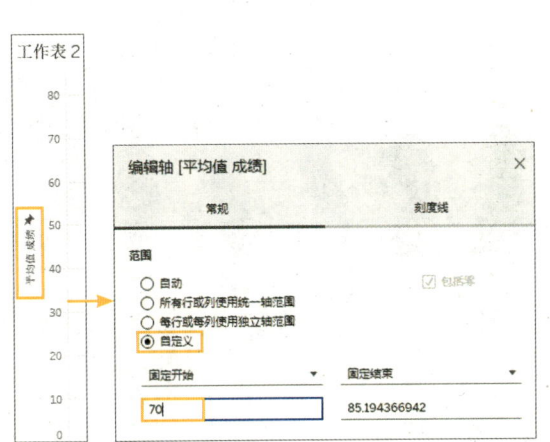

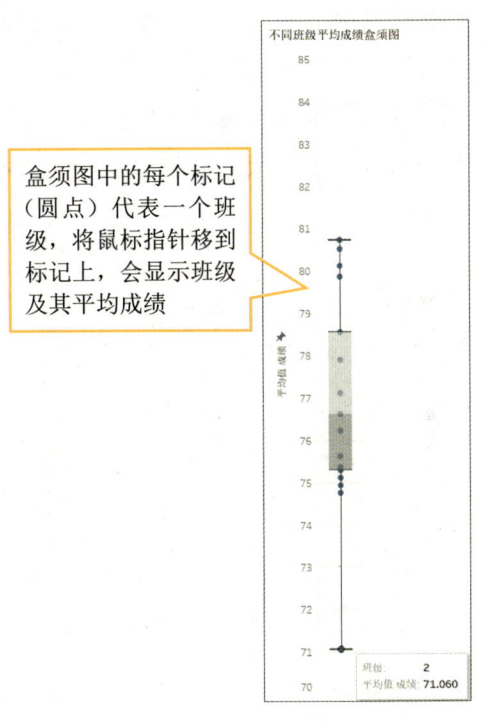

盒须图中的每个标记（圆点）代表一个班级，将鼠标指针移到标记上，会显示班级及其平均成绩

图 4-27 设置坐标轴范围　　　　　图 4-28 "不同班级平均成绩盒须图"效果

【结果分析】 从图 4-28 可以看出，2 班的平均成绩为 71.060 分，远低于其他班级；不同班级的平均成绩集中在 75 分至 78 分。

【例 4-4】 使用散点图展示不同测试项与成绩的相关性。

步骤1 新建工作表。在标签栏中单击"新建工作表"按钮，新建"工作表 3"并进入其工作区界面。

步骤2 设置行和列。将"数据"边栏中的"成绩"和"1000 米（分）"字段分别拖到"行"功能区和"列"功能区，然后分别单击"总和(1000 米（分）)"和"总和(成绩)"字段右侧的下拉按钮，在展开的下拉列表中选择"维度"选项，如图 4-29 所示。

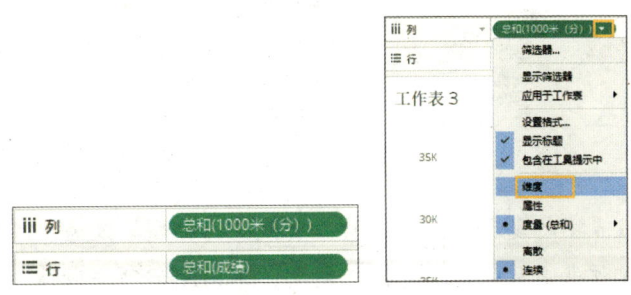

图 4-29 设置行和列

步骤3 创建散点图。参考步骤2，将"数据"边栏中的"50米（秒）""体重（千克）""坐位体前屈（厘米）""引体向上（个）""立定跳远（厘米）""肺活量（毫升）""身高（厘米）"字段拖到"列"功能区，并将这些字段设置为维度字段，自动创建散点图。

步骤4 设置标记的颜色。在散点图中单击"1000米（分）"字段中的任意数据点，然后单击"颜色"标记卡，在展开的列表中选择指定的颜色，设置"1000米（分）"字段标记的颜色；使用同样的方式设置其他字段标记的颜色（根据喜好设置），如图4-30所示。

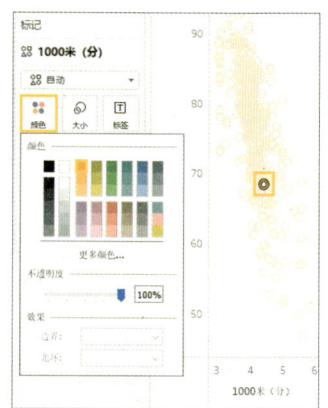
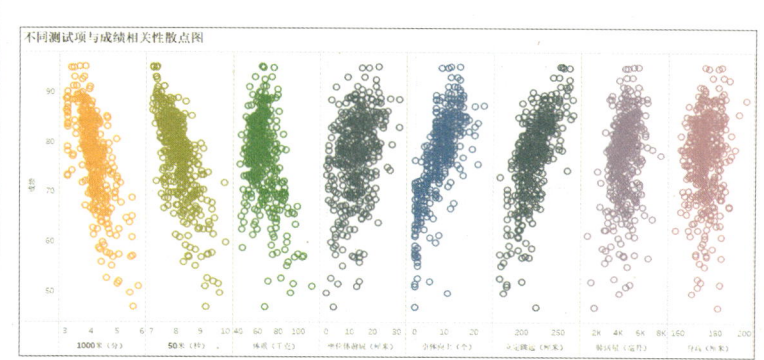

图 4-30 设置标记的颜色

步骤5 添加趋势线。切换至"分析"边栏，按住鼠标左键将"趋势线"拖动到工作表视图区，待出现"添加趋势线"界面，将"趋势线"放置到"线性"区域，释放鼠标，如图4-31所示。

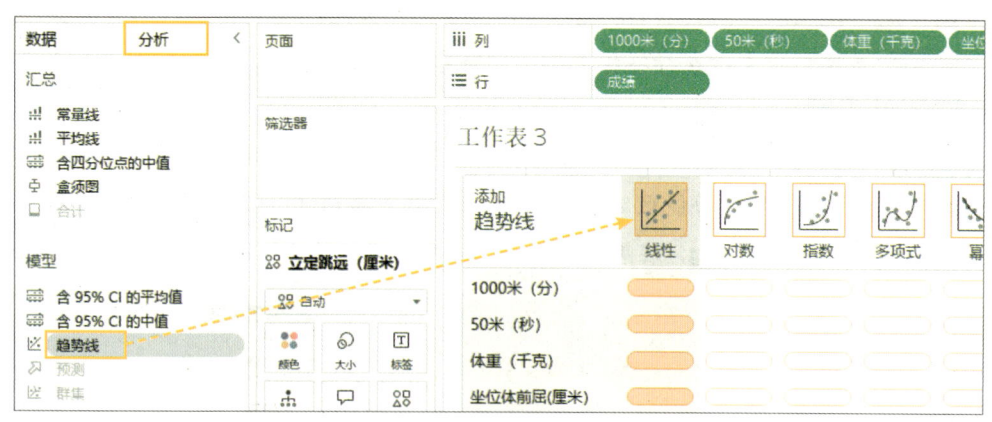

图 4-31 添加趋势线

步骤6 修改散点图标题和工作表名称。将散点图标题修改为"不同测试项与成绩相关性散点图"，将工作表名称修改为"散点图"。"不同测试项与成绩相关性散点图"效果如图4-32所示。

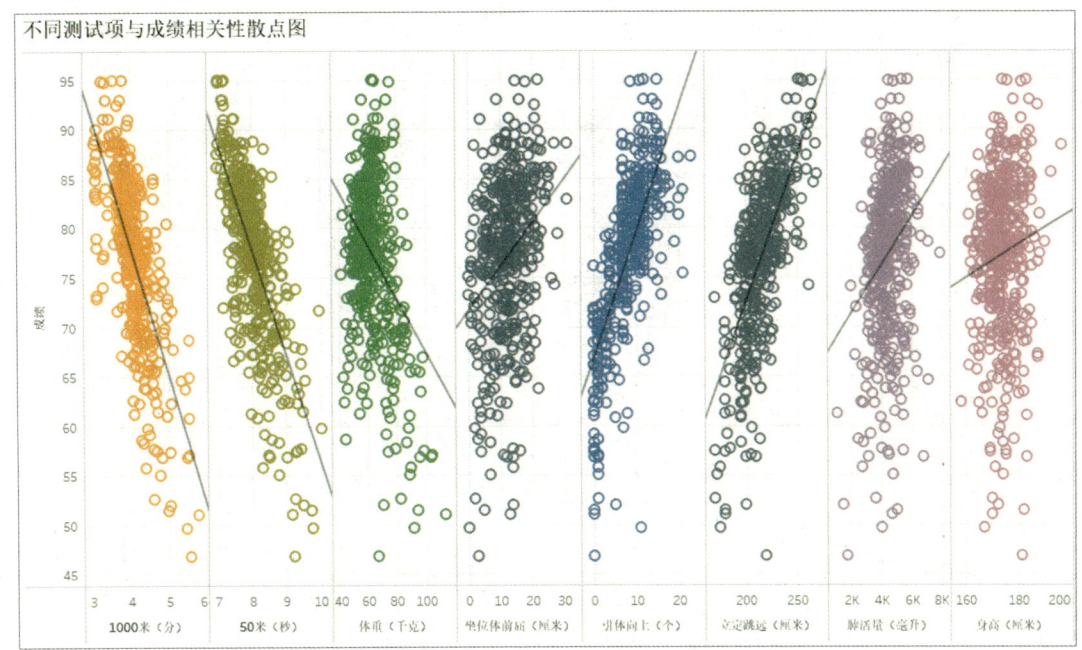

图 4-32 "不同测试项与成绩相关性散点图"效果

【结果分析】 从图 4-32 可以看出，1 000 米项目用时、50 米项目用时、体重均与成绩呈负相关，即用时越长、体重越重，成绩越低；坐位体前屈测试结果、引体向上测试结果、立定跳远测试结果、肺活量、身高均与成绩呈正相关，即测试项对应的值越大，成绩越高。

4.3.3 制作仪表板

在 Tableau 中，制作完工作表后，在标签栏中单击"新建仪表板"按钮，或者在"仪表板"菜单中选择"新建仪表板"选项，即可新建一个仪表板并进入其工作区界面。在仪表板工作区界面中，将"仪表板"边栏"工作表"区域中显示的工作表拖到仪表板视图区，即可制作仪表板。

【例 4-5】 制作仪表板。

步骤1 新建仪表板。在标签栏中单击"新建仪表板"按钮，新建"仪表板 1"并进入其工作区界面。

步骤2 将"散点图"工作表拖到仪表板视图区。将"仪表板"边栏"工作表"区域中的"散点图"工作表拖到仪表板视图区，如图 4-33 所示。

步骤3 将"直方图"工作表拖到散点图的下方。按住鼠标左键将"仪表板"边栏"工作表"区域中的"直方图"工作表拖动到仪表板视图区中散点图的下方，待出现一个灰色阴影区域（见图 4-34），释放鼠标。

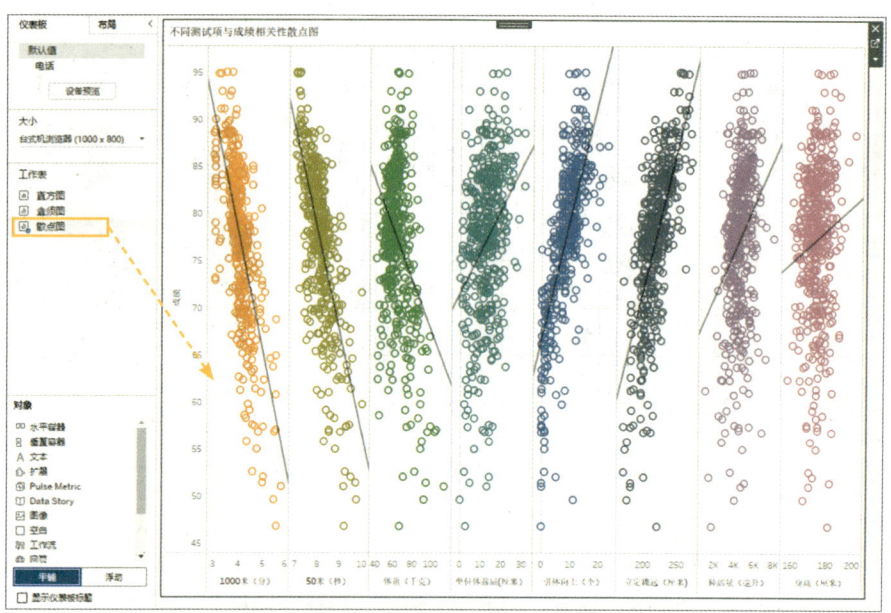

图 4-33 将"散点图"工作表拖到仪表板视图区

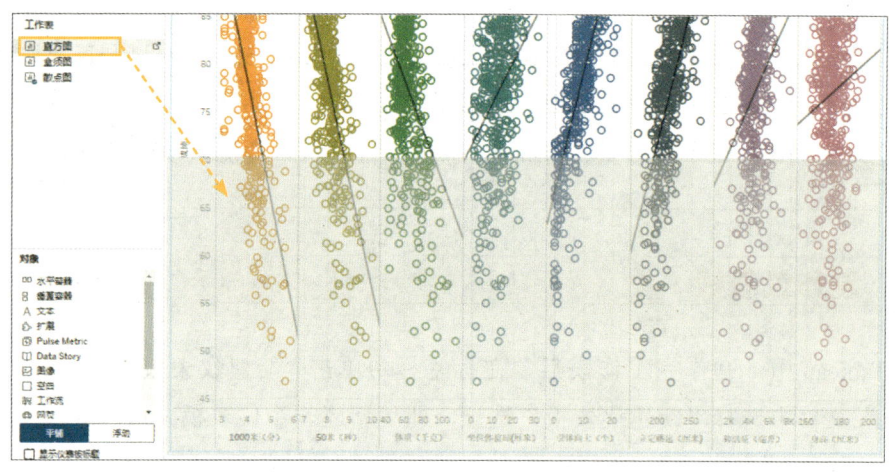

图 4-34 将"直方图"工作表拖到散点图的下方

步骤4 将"盒须图"工作表拖到直方图的右侧。按住鼠标左键将"仪表板"边栏"工作表"区域中的"盒须图"工作表拖动到仪表板视图区中直方图的右侧,待出现一个灰色阴影区域,释放鼠标。

步骤5 插入"垂直容器"对象。将"仪表板"边栏"对象"区域中的"垂直容器"对象拖到散点图的右侧,如图 4-35 所示。

步骤6 为散点图添加筛选器。在仪表板视图区中单击散点图的空白处,选中该图表,右击该图表顶部的移动按钮 ,在弹出的快捷菜单中选择"筛选器"选项,在展开的子菜单中选择"成绩"选项,如图 4-36 所示。

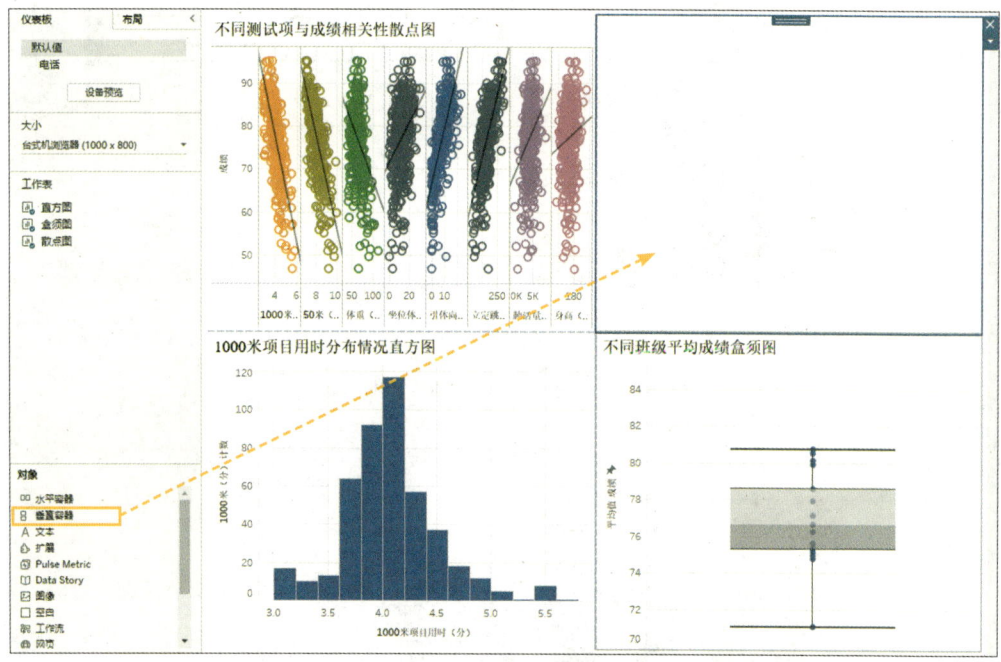

图 4-35 插入"垂直容器"对象

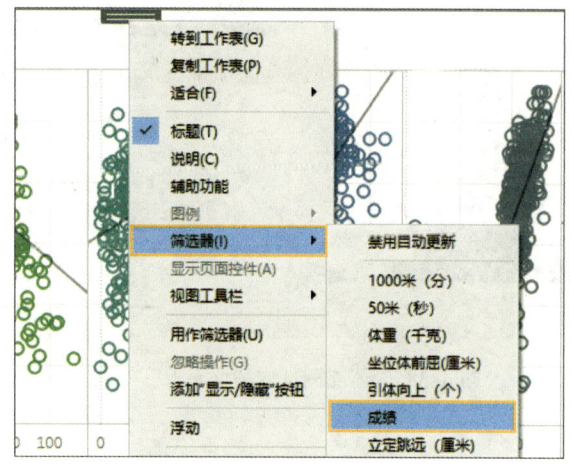

图 4-36 添加筛选器

步骤7 显示成绩大于 80.70 的数据。在"成绩"筛选器中单击左侧的数值,在显示的编辑框中输入"80.7"并按"Enter"键,设置显示成绩的最小值为 80.70,如图 4-37 所示。

步骤8 调整筛选器的大小。将鼠标指针移到筛选器的左边框上,当鼠标指针变成 ⟷ 形状时,按住鼠标左键向右拖动,到合适大小后释放鼠标。

步骤9 修改仪表板名称。将仪表板名称修改为"体能测试成绩仪表板"。"体能测试成绩仪表板"效果如图 4-38 所示。

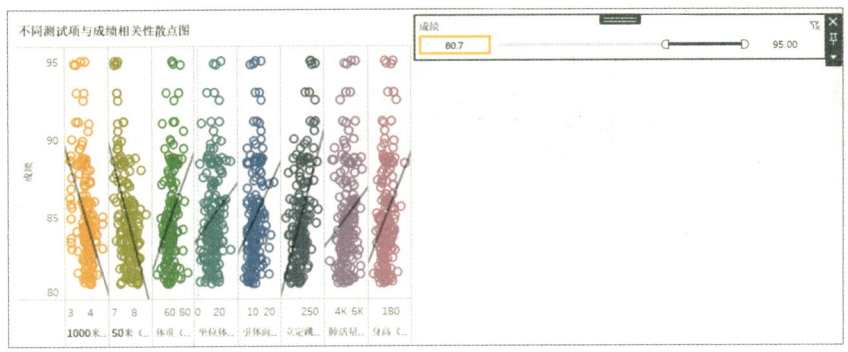

图 4-37 显示成绩大于 80.70 的数据

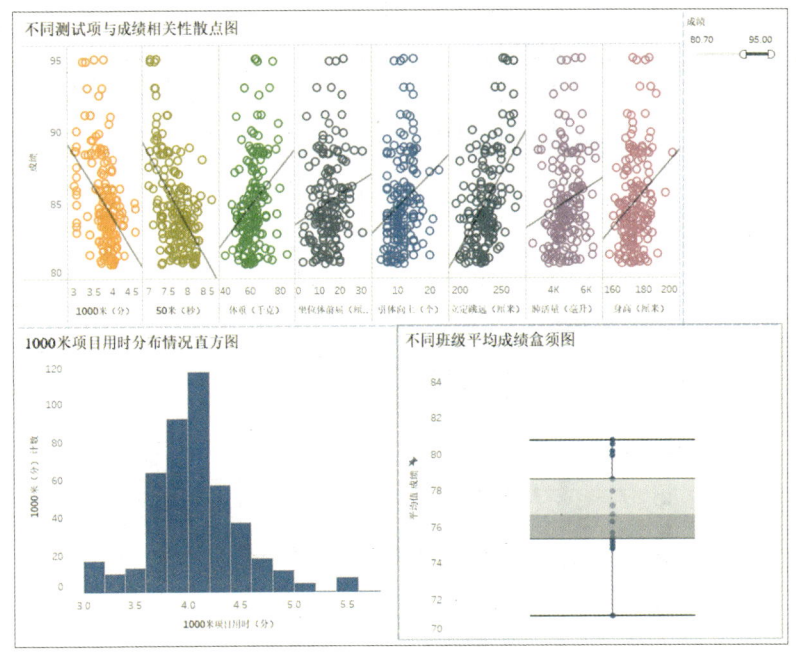

图 4-38 "体能测试成绩仪表板"效果

4.3.4 制作故事

在 Tableau 中,制作完工作表和仪表板后,在标签栏中单击"新建故事"按钮,或者在"故事"菜单中选择"新建故事"选项,即可新建一个故事并进入其工作区界面。在故事工作区界面中,将"故事"边栏中显示的工作表或仪表板拖到故事视图区,即可制作故事。

【例 4-6】 制作故事。

步骤1 新建故事。在标签栏中单击"新建故事"按钮,新建"故事1"并进入其工作区界面。

步骤2 添加第 1 个故事点。将"故事"边栏中的"盒须图"工作表拖到故事视图区，并将"添加说明"编辑框中的内容修改为"不同班级的平均成绩"，如图 4-39 所示。

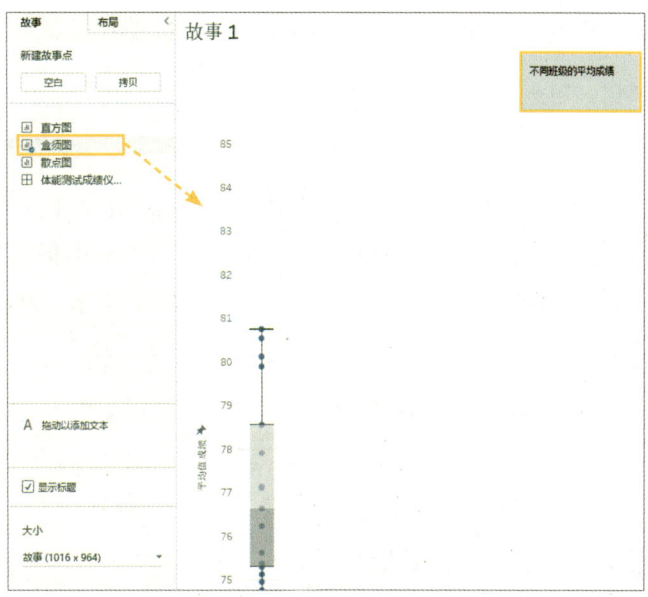

图 4-39 添加第 1 个故事点

步骤3 添加第 2 个故事点。在"故事"边栏"新建故事点"区域中单击"空白"按钮，然后将"故事"边栏中的"散点图"工作表拖到故事视图区，并将"添加说明"编辑框中的内容修改为"观察不同测试项与成绩的相关性"。

步骤4 修改故事名称和标题。将故事名称修改为"体能测试成绩故事"，故事标题会同步修改。"体能测试成绩故事"效果如图 4-40 所示。

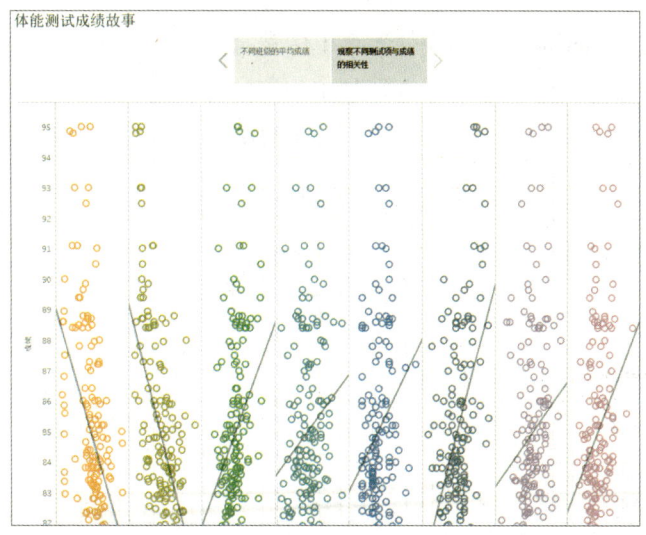

图 4-40 "体能测试成绩故事"效果

4.3.5 保存和导出工作成果

在 Tableau 中，制作完工作表、仪表板或故事后，可以保存或导出这些工作成果，方便用户查看或共享。

1. 保存工作簿

在 Tableau 中，保存工作簿是指保存当前打开的所有工作表、仪表板和故事。在"文件"菜单中选择"保存"选项，然后在打开的"另存为"对话框中指定工作簿的保存路径和文件名，单击"保存"按钮，即可保存工作簿，如图 4-41 所示。默认情况下，工作簿的扩展名为".twb"。

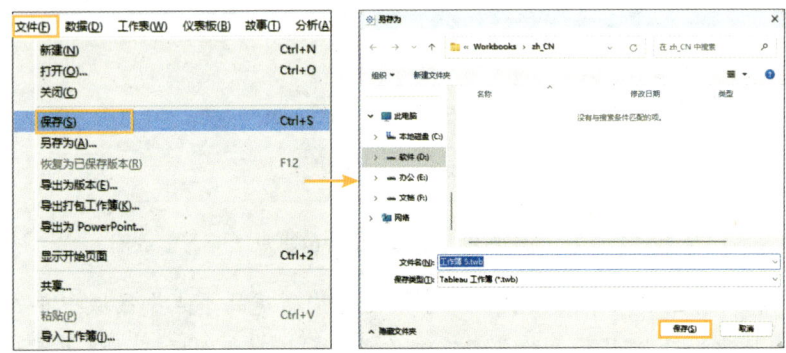

图 4-41　保存工作簿

2. 导出打包工作簿

在 Tableau 中，导出打包工作簿是指保存当前打开的所有工作表、仪表板和故事，以及连接的所有本地文件数据源。在"文件"菜单中选择"导出打包工作簿"选项，然后在打开的"导出打包工作簿"对话框中指定打包工作簿的保存路径和文件名，单击"保存"按钮，即可保存打包工作簿，如图 4-42 所示。默认情况下，打包工作簿的扩展名为".twbx"。

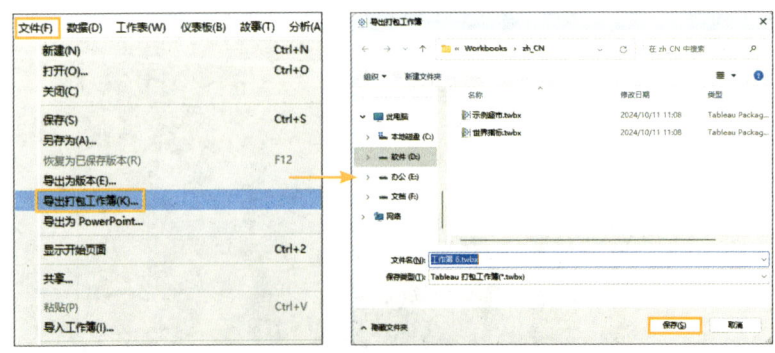

图 4-42　导出打包工作簿

3. 以图像的形式导出工作表、仪表板和故事

在 Tableau 中，用户可以图像的形式导出工作表、仪表板和故事，具体方法如下。

（1）**以图像的形式导出工作表**。转到工作表，在"工作表"菜单中选择"导出"选项，在展开的子列表中选择"图像"选项，然后在打开的"导出图像"对话框中选择需要显示在图像中的内容和图像选项，单击"保存"按钮，即可以图像的形式导出工作表，如图 4-43 所示。

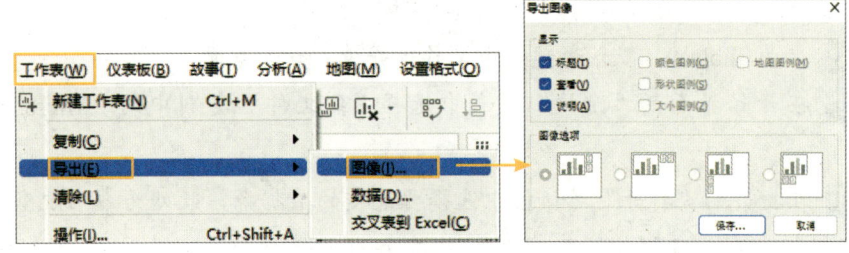

图 4-43　以图像的形式导出工作表

（2）**以图像的形式导出仪表板**。转到仪表板，在"仪表板"菜单中选择"导出图像"选项，即可以图像的形式导出仪表板。

（3）**以图像的形式导出故事**。转到故事，在"故事"菜单中选择"导出图像"选项，即可以图像的形式导出故事。

4. 以 PDF 文件的形式导出工作簿和工作表

在 Tableau 中，用户可以将工作簿、当前工作表或选定工作表导出为 PDF 文件。在"文件"菜单中选择"打印为 PDF"选项，然后在打开的"打印为 PDF"对话框中设置打印范围、纸张尺寸等内容，单击"确定"按钮，最后在打开的"保存 PDF"对话框中指定 PDF 文件的保存路径和文件名，单击"保存"按钮，即可保存为 PDF 文件。

项目实施——使用 Tableau 实现某公司营销数据可视化

"某公司营销数据.xlsx"文件中包含日期、营销费用、展现量、点击量、订单金额、商品加购数、下单新客数、商品关注数等信息，如图 4-44 所示。从不同角度分析该公司 2024 年的营销数据，有助于公司深入了解营销效果和销售业绩，从而优化营销策略，提高销售业绩。

使用 Tableau 实现某公司营销数据可视化

日期	营销费用（元）	展现量（次）	点击量（次）	订单金额（元）	商品加购数（件）	下单新客数（人）	商品关注数（次）
1月1日	2030.78	42012	630	6500.12	210	50	10
1月2日	2100.89	40897	602	6350.36	198	46	12
1月3日	1900.78	39950	590	6020.78	205	52	11
1月4日	1720.21	38500	570	6113.98	180	42	8
1月5日	1850.56	37800	580	6450.23	200	50	13
1月6日	1880.32	36200	620	6160.45	220	55	9
1月7日	1700.98	35000	600	5723.78	170	40	7

图 4-44 "某公司营销数据.xlsx"文件中的数据（部分）

1. 连接数据源并管理数据

使用 Tableau 连接数据源并管理数据，以便后续进行数据可视化操作。

步骤 1 启动 Tableau，默认新建一个工作簿并进入开始界面。

步骤 2 在开始界面的"连接"列表中选择"到文件"类别中的"Microsoft Excel"选项。

步骤 3 在打开的"打开"对话框中选择要连接的数据源，此处为本书配套素材中的"素材与实例"/"项目 4"/"项目实施"/"某公司营销数据.xlsx"文件，单击"打开"按钮。

步骤 4 修改字段的数据类型。进入数据源工作区界面，单击"日期"字段对应的图标 #，在展开的列表中选择"日期"选项，如图 4-45 所示。

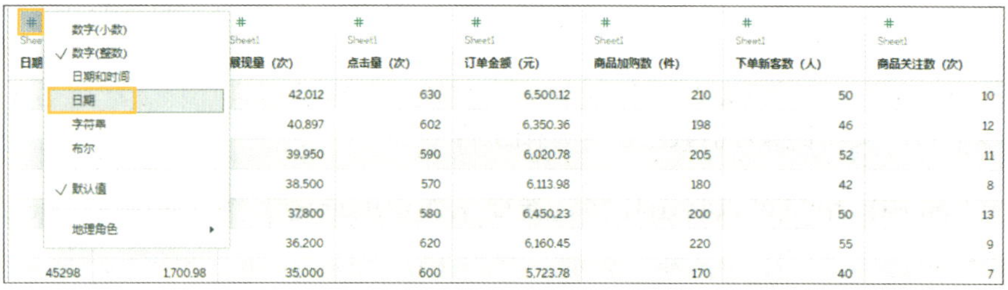

图 4-45 修改字段的数据类型

2. 2024 年订单金额变化趋势可视化

使用折线图直观地展示公司 2024 年的订单金额随时间变化的趋势。

步骤 1 转到工作表。在标签栏中单击"工作表 1"标签，转到"工作表 1"并进入其工作区界面。

步骤 2 添加行和列。将"数据"边栏中的"订单金额（元）"和"日期"字段分别拖到"行"功能区和"列"功能区，如图 4-46 所示。

> 🔔 **小提示**
>
> 在 Tableau 中，日期类型的数据会自动聚合到"年"级别。在图 4-46 中，"列"功能区中显示"年(日期)"字段，表示以年为单位展示订单金额总和。

项目 4　Tableau 数据可视化

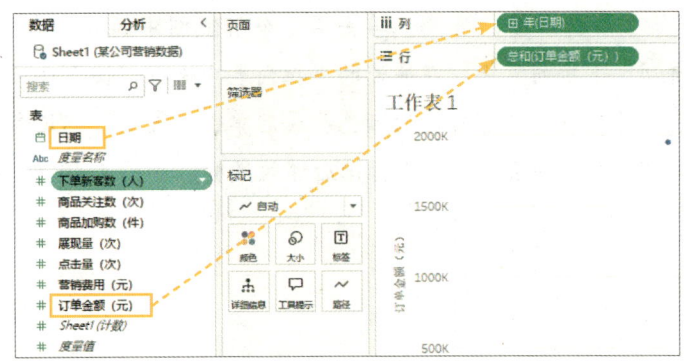

图 4-46　添加行和列

步骤3　以天为单位展示数据。在"列"功能区中单击"年(日期)"字段右侧的下拉按钮，在展开的下拉列表中选择"天"（2015 年 5 月 8 日）选项，如图 4-47 所示。

步骤4　创建第 1 个折线图。在"智能显示"窗格中选择折线图（连续）选项，如图 4-48 所示。

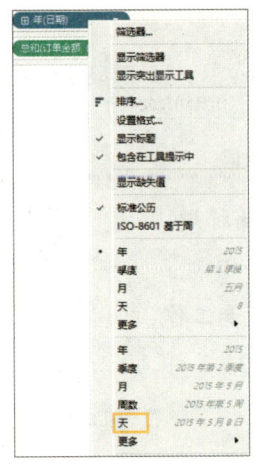

图 4-47　以天为单位展示数据

图 4-48　创建第 1 个折线图

🔔 **小提示**

在图 4-47 中，快捷菜单两个区域中的"年""季度""月""天"选项的含义是不同的。例如，某数据中包含 2023 年和 2024 年两年的数据，选择"月"（五月）选项表示合并展示 2023 年和 2024 年每月的数据（如 2023 年 1 月和 2024 年 1 月合并为 1 月展示）；选择"月"（2015 年 5 月）选项表示分别展示 2023 年和 2024 年每月的数据（如 2023 年 1 月和 2024 年 1 月分开展示）。

步骤5　创建第 2 个折线图。将"数据"边栏中的"订单金额（元）"字段再次拖到"行"功能区，自动创建折线图。

步骤6 设置第2个折线图的标记。单击第2个折线图中的任意数据点,在"标记"功能区中单击"自动"下拉列表框,在展开的下拉列表中选择"圆"选项;然后单击"颜色"标记卡,在展开的列表中选择指定的颜色;最后单击"大小"标记卡,在显示的设置区中按住鼠标左键并向左拖动滑块,缩小标记后释放鼠标,如图4-49所示。

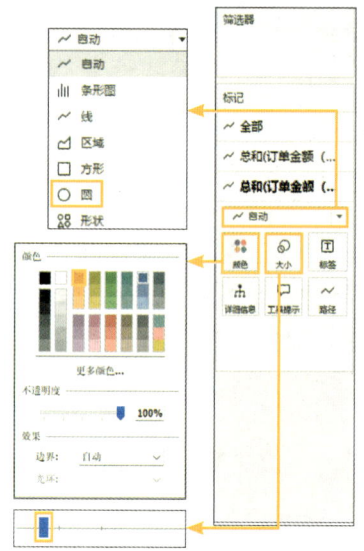
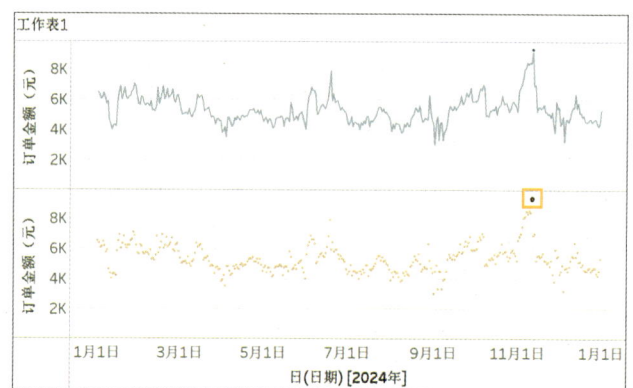

图4-49 设置第2个折线图的标记

步骤7 合并两个折线图。右击第2个折线图的Y轴标题,在弹出的快捷菜单中选择"双轴"选项,如图4-50所示。

步骤8 修改折线图标题和工作表名称。将折线图标题和工作表名称均修改为"2024年订单金额变化趋势折线图"。"2024年订单金额变化趋势折线图"效果如图4-51所示。

图4-50 合并两个折线图

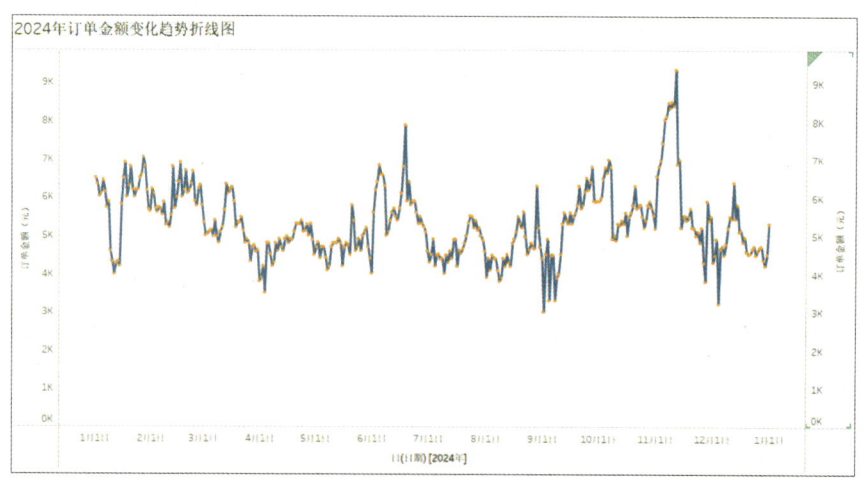

图4-51 "2024年订单金额变化趋势折线图"效果

【结果分析】 从图 4-51 可以看出，6 月份和 11 月份的订单金额波动比较大；订单金额增长一段时间后，通常会有所下降。

3. 2024 年每月订单金额占比可视化

使用饼图直观地展示公司 2024 年每月订单金额占全年总订单金额的比例。

步骤1 新建工作表。在标签栏中单击"新建工作表"按钮，新建"工作表 2"并进入其工作区界面。

步骤2 添加行和列。将"数据"边栏中的"订单金额（元）"和"日期"字段分别拖到"行"功能区和"列"功能区。

步骤3 以月为单位展示数据。在"列"功能区中单击"年(日期)"字段右侧的下拉按钮，在展开的下拉列表中选择"月"（2015 年 5 月）选项。

步骤4 创建饼图。在"智能显示"窗格中选择饼图选项，如图 4-52 所示。

步骤5 调整视图适应窗口的方式。在工具栏中单击"标准"下拉列表框，在展开的下拉列表中选择"整个视图"选项，如图 4-53 所示。

步骤6 添加数据标签。将"数据"边栏中的"订单金额（元）"字段拖到"标记"功能区的"标签"标记卡上。

步骤7 以百分比形式显示数据标签。在"标记"功能区中单击数据标签对应的"总和(订单金额（元）)"字段右侧的下拉按钮，在展开的下拉列表中选择"快速表计算"选项，在展开的子列表中选择"合计百分比"选项，如图 4-54 所示。

图 4-52 创建饼图

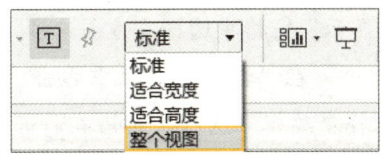

图 4-53 调整视图适应窗口的方式

图 4-54 以百分比形式显示数据标签

步骤8 按照每月订单金额占总订单金额的百分比降序排列饼图。在工具栏中单击降序排序按钮，如图 4-55 所示。

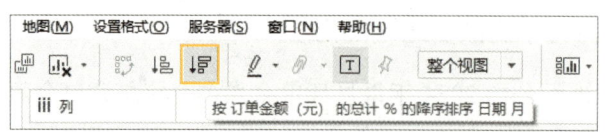

图 4-55　按照每月订单金额占总订单金额的百分比降序排列饼图

步骤9 修改饼图标题和工作表名称。将饼图标题和工作表名称均修改为"2024 年每月订单金额占比饼图"。"2024 年每月订单金额占比饼图"效果如图 4-56 所示。

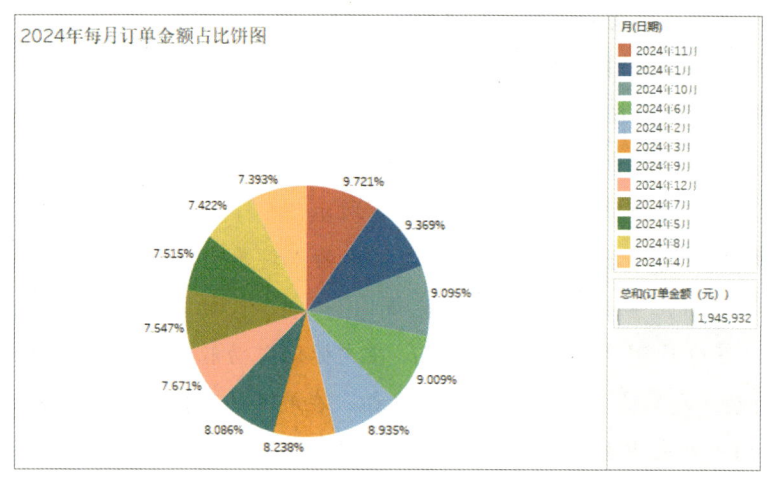

图 4-56　"2024 年每月订单金额占比饼图"效果

【结果分析】从图 4-56 可以看出，2024 年的总订单金额为 1 945 932 元；11 月份的订单金额占比最多，4 月份的订单金额占比最少。

4. 2024 年订单金额分布情况可视化

使用直方图直观地展示 2024 年订单金额的分布情况。

步骤1 新建工作表。在标签栏中单击"新建工作表"按钮，新建"工作表 3"并进入其工作区界面。

步骤2 添加行和列。将"数据"边栏中的"订单金额（元）"字段拖到"行"功能区。

步骤3 创建直方图。在"智能显示"窗格中选择直方图选项，如图 4-57 所示。

步骤4 设置直方图的数据桶大小。在"数据"边栏中右击"订单金额（元）(数据桶)"字段，在弹出的快捷菜单中选择"编辑"选项，然后在打开的"编辑数据桶[订单金额（元）]"对话框的"数据桶大小"编辑框中输入"250"，单击"确定"按钮，如图 4-58 所示。

图 4-57　创建直方图

图 4-58　设置直方图的数据桶大小

步骤5　按照月细分每个数据桶中的数据。将"数据"边栏中的"日期"字段拖到"标记"功能区的"颜色"标记卡上,在"标记"功能区中右击"年(日期)"字段,在弹出的快捷菜单中选择"月"(2015年5月)选项(见图4-59),在直方图的数据桶中使用不同的颜色区分不同月份的数据。

步骤6　添加数据标签。按住"Ctrl"键的同时将"行"功能区中的"CNT(订单金额(元))"字段拖到"标记"功能区的"标签"标记卡上,如图4-60所示。

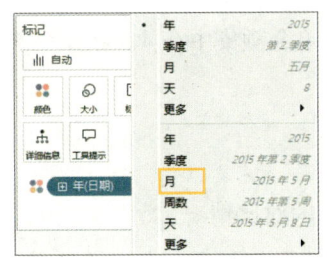
图 4-59　按照月细分每个数据桶中的数据

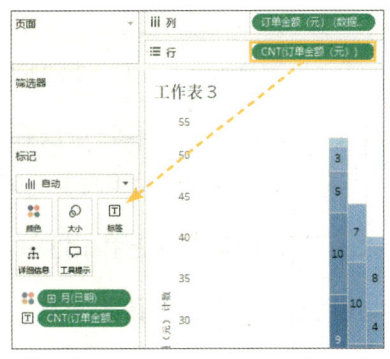
图 4-60　添加数据标签

步骤7　修改图例的颜色。将鼠标指针移到"月(日期)"图例上,单击其右侧的下拉按钮▼,在展开的下拉列表中选择"编辑颜色"选项,然后在打开的"编辑颜色[日期月]"对话框中单击"色板"下拉按钮,在展开的下拉列表中选择"绿色-金色"选项,单击"确定"按钮,如图4-61所示。

步骤8　修改直方图标题和工作表名称。将直方图标题和工作表名称均修改为"2024年订单金额分布情况直方图"。"2024年订单金额分布情况直方图"效果如图4-62所示。

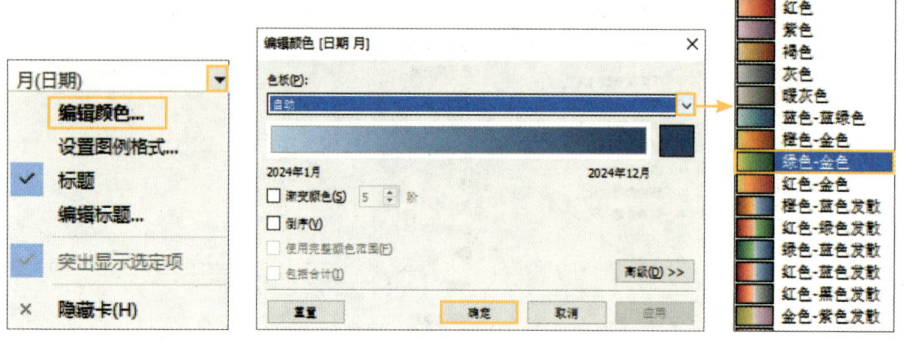

图 4-61 修改图例的颜色

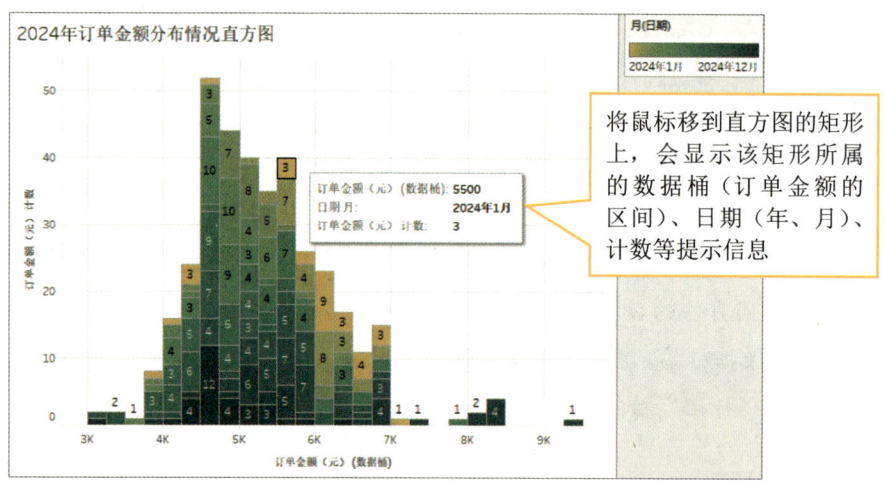

图 4-62 "2024 年订单金额分布情况直方图"效果

【结果分析】 从图 4-62 可以看出,2024 年的每日订单金额集中在 4 500 元至 5 750 元;日订单金额低于 4 000 元和高于 7 000 元的频次较低。

5. 2024 年营销费用和订单金额数据可视化

使用条形图直观地展示 2024 年营销费用和订单金额的对比情况。

步骤1 新建工作表。在标签栏中单击"新建工作表"按钮,新建"工作表 4"并进入其工作区界面。

步骤2 添加行和列。将"数据"边栏中的"营销费用(元)"和"订单金额(元)"字段拖到"行"功能区,将"日期"字段拖到"列"功能区。

步骤3 创建簇状柱形图。在"智能显示"窗格中选择并排条选项,如图 4-63 所示。

步骤4 以月为单位展示数据。在"列"功能区中单击"年(日期)"字段右侧的下拉按钮,在展开的下拉列表中选择"月"(2015 年 5 月)选项。

步骤5 交换行和列。在工具栏中单击"交换行和列"按钮,如图 4-64 所示。

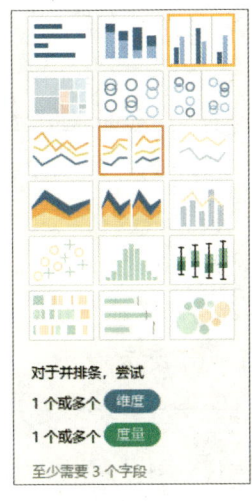

图 4-63　创建簇状柱形图

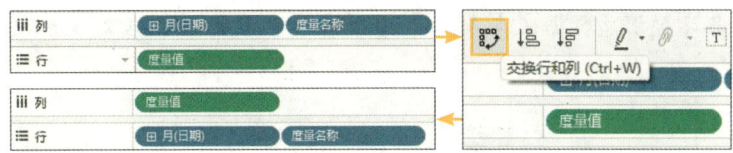

图 4-64　交换行和列

步骤6　修改簇状条形图标题和工作表名称。将簇状条形图标题和工作表名称均修改为"2024年每月营销费用和订单金额对比簇状条形图"。"2024年每月营销费用和订单金额对比簇状条形图"效果如图 4-65 所示。

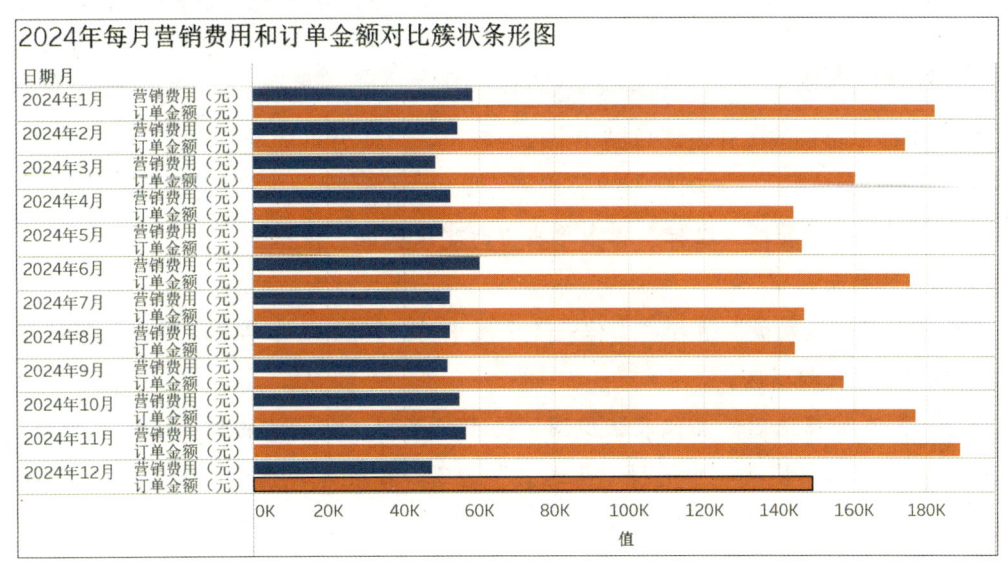

图 4-65　"2024年每月营销费用和订单金额对比簇状条形图"效果

【结果分析】　从图 4-65 可以看出，1月和6月的营销费用较高；1月、6月、10月和11月的订单金额较高，4月、5月、7月和8月的订单金额较低。

6. 2024年各季度汇总数据可视化

使用文本表快速汇总 2024 年各季度下单新客数、商品关注数、商品加购数、营销费用和订单金额的具体数值。

步骤1 新建工作表。在标签栏中单击"新建工作表"按钮,新建"工作表5"并进入其工作区界面。

步骤2 添加行和列。将"数据"边栏中的"下单新客数(人)""商品关注数(次)""商品加购数(件)""营销费用(元)""订单金额(元)"字段拖到"行"功能区;将"日期"字段拖到"列"功能区,并以季度为单位展示数据。

步骤3 创建文本表。在"智能显示"窗格中选择文本表选项,如图4-66所示。

步骤4 修改文本表标题和工作表名称。将文本表标题和工作表名称均修改为"2024年各季度汇总数据文本表"。"2024年各季度汇总数据文本表"效果如图4-67所示。

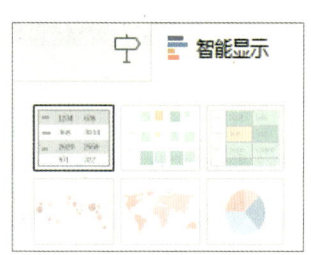

2024年各季度汇总数据文本表				
	日期 所在季度			
	2024 季度1	2024 季度2	2024 季度3	2024 季度4
下单新客数(人)	5,462	5,767	4,893	4,706
商品关注数(次)	816	1,060	554	366
商品加购数(件)	21,183	20,624	18,755	18,479
营销费用(元)	160,869	162,876	155,981	158,447
订单金额(元)	516,496	465,408	448,627	515,400

图4-66 创建文本表　　　　　　　　图4-67 "2024年各季度汇总数据文本表"效果

7. 制作仪表板

将有关订单金额的工作表汇总到一个仪表板上,方便公司从多个角度了解订单金额的实际状况。

步骤1 新建仪表板。在标签栏中单击"新建仪表板"按钮,新建"仪表板1"并进入其工作区界面。

步骤2 将"仪表板"边栏"工作表"区域中的"2024年订单金额变化趋势折线图"工作表拖到仪表板视图区。

步骤3 添加筛选器。在仪表板视图区选中折线图,然后右击该图表顶部的移动按钮,在弹出的快捷菜单中选择"筛选器"选项,在展开的子菜单中选择"订单金额(元)总和"选项,如图4-68所示。

步骤4 将"仪表板"边栏"工作表"区域中的"2024年每月订单金额占比饼图"工作表拖到仪表板视图区中折线图的下方。

步骤5 将"仪表板"边栏"工作表"区域中的"2024年订单金额分布情况直方图"工作表拖到饼图的右侧。

步骤6 修改筛选器的标题名称。在"订单金额(元)"筛选器中双击"订单金额(元)"文本,打开"编辑标题"对话框,在"订单金额(元)"文本上方输入"折线图筛选器",单击"确定"按钮,如图4-69所示。

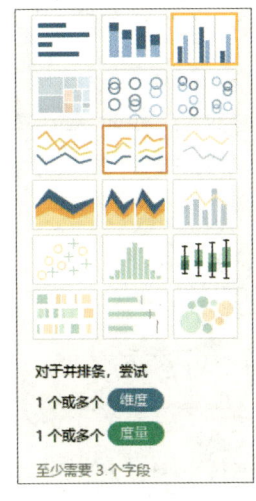

图 4-63　创建簇状柱形图

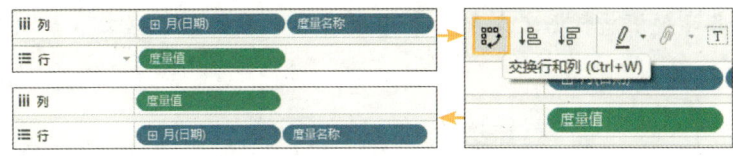

图 4-64　交换行和列

步骤6　修改簇状条形图标题和工作表名称。将簇状条形图标题和工作表名称均修改为 "2024 年每月营销费用和订单金额对比簇状条形图"。"2024 年每月营销费用和订单金额对比簇状条形图"效果如图 4-65 所示。

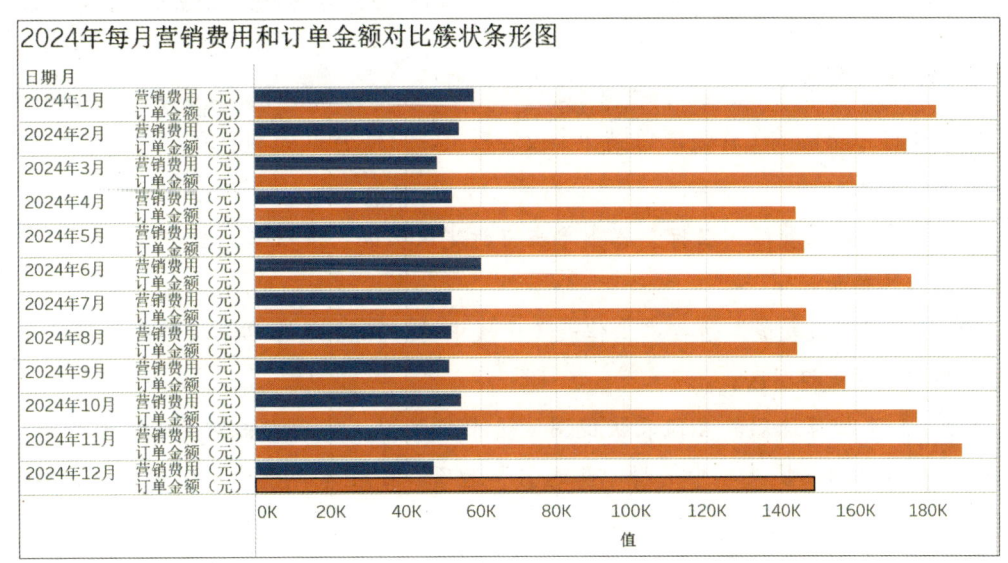

图 4-65　"2024 年每月营销费用和订单金额对比簇状条形图"效果

【结果分析】　从图 4-65 可以看出，1 月和 6 月的营销费用较高；1 月、6 月、10 月和 11 月的订单金额较高，4 月、5 月、7 月和 8 月的订单金额较低。

6．2024 年各季度汇总数据可视化

使用文本表快速汇总 2024 年各季度下单新客数、商品关注数、商品加购数、营销费用和订单金额的具体数值。

步骤1 新建工作表。在标签栏中单击"新建工作表"按钮，新建"工作表5"并进入其工作区界面。

步骤2 添加行和列。将"数据"边栏中的"下单新客数（人）""商品关注数（次）""商品加购数（件）""营销费用（元）""订单金额（元）"字段拖到"行"功能区；将"日期"字段拖到"列"功能区，并以季度为单位展示数据。

步骤3 创建文本表。在"智能显示"窗格中选择文本表选项，如图4-66所示。

步骤4 修改文本表标题和工作表名称。将文本表标题和工作表名称均修改为"2024年各季度汇总数据文本表"。"2024年各季度汇总数据文本表"效果如图4-67所示。

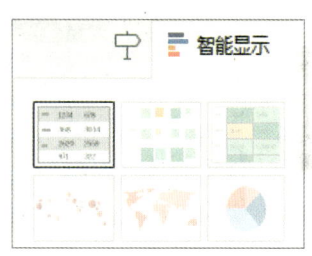

图4-66 创建文本表

2024年各季度汇总数据文本表				
	日期 所在季度			
	2024 季度1	2024 季度2	2024 季度3	2024 季度4
下单新客数（人）	5,462	5,767	4,893	4,706
商品关注数（次）	816	1,060	554	366
商品加购数（件）	21,183	20,624	18,755	18,479
营销费用（元）	160,869	162,876	155,981	158,447
订单金额（元）	516,496	465,408	448,627	515,400

图4-67 "2024年各季度汇总数据文本表"效果

7. 制作仪表板

将有关订单金额的工作表汇总到一个仪表板上，方便公司从多个角度了解订单金额的实际状况。

步骤1 新建仪表板。在标签栏中单击"新建仪表板"按钮，新建"仪表板1"并进入其工作区界面。

步骤2 将"仪表板"边栏"工作表"区域中的"2024年订单金额变化趋势折线图"工作表拖到仪表板视图区。

步骤3 添加筛选器。在仪表板视图区选中折线图，然后右击该图表顶部的移动按钮，在弹出的快捷菜单中选择"筛选器"选项，在展开的子菜单中选择"订单金额（元）总和"选项，如图4-68所示。

步骤4 将"仪表板"边栏"工作表"区域中的"2024年每月订单金额占比饼图"工作表拖到仪表板视图区中折线图的下方。

步骤5 将"仪表板"边栏"工作表"区域中的"2024年订单金额分布情况直方图"工作表拖到饼图的右侧。

步骤6 修改筛选器的标题名称。在"订单金额（元）"筛选器中双击"订单金额（元）"文本，打开"编辑标题"对话框，在"订单金额（元）"文本上方输入"折线图筛选器"，单击"确定"按钮，如图4-69所示。

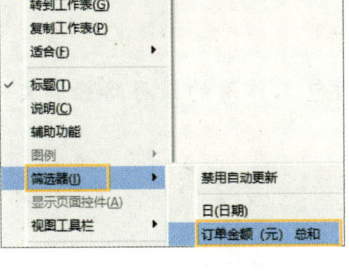

图 4-68 添加筛选器

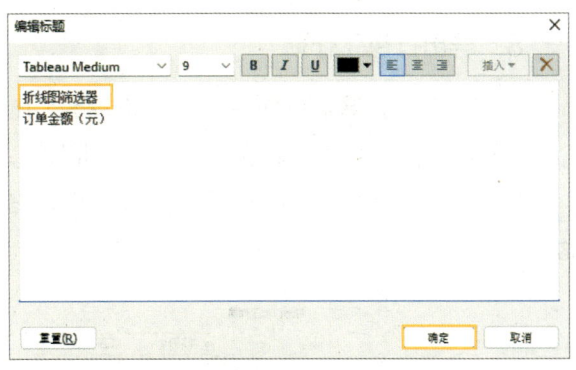

图 4-69 修改筛选器的标题名称

步骤7 使用同样的方式，在饼图的图例标题中添加"饼图图例"文本；在直方图的图例标题中添加"直方图图例"文本。

步骤8 调整饼图图例和直方图图例的大小。将鼠标指针移到饼图图例的上边框上，当鼠标指针变成 形状时，按住鼠标左键向下拖动，到合适大小后释放鼠标，使其与筛选器保持一定距离；使用同样的方式调整直方图图例的大小。

步骤9 修改仪表板名称。将仪表板名称修改为"订单金额仪表板"。"订单金额仪表板"效果如图 4-70 所示。

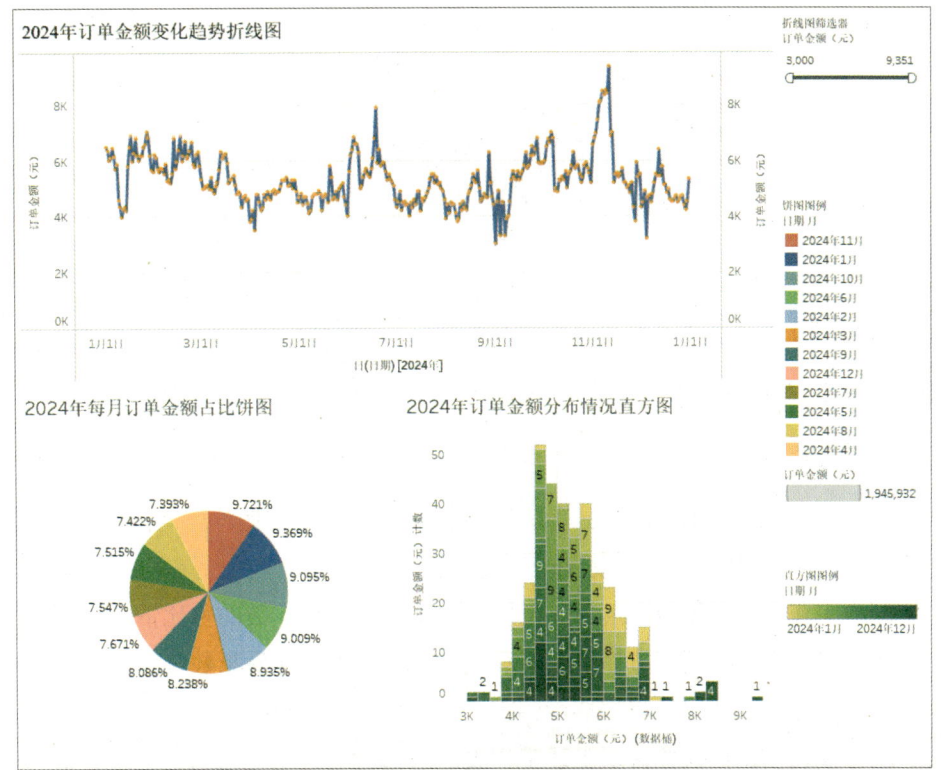

图 4-70 "订单金额仪表板"效果

8. 导出打包工作簿

导出打包工作簿，以便用户展示和共享工作成果。

步骤1 在"文件"菜单中选择"导出打包工作簿"选项。

步骤2 在打开的"导出打包工作簿"对话框中指定打包工作簿的保存路径和文件名，单击"保存"按钮，如图4-71所示。

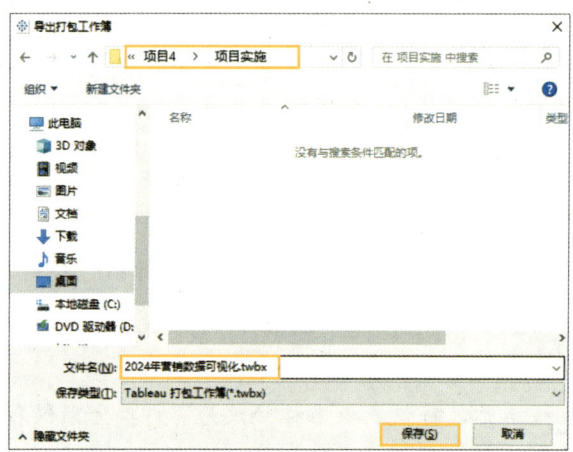

图4-71 导出打包工作簿

1. 实训目的

练习使用Tableau连接数据源、制作工作表、制作仪表板、保存工作成果的操作方法。

2. 实训内容

（1）使用Tableau连接本书配套素材中的"素材与实例"/"项目4"/"项目实训"/"某高校一年级学生体质指数.xlsx"文件。

（2）制作工作表，使用饼图展示某高校一年级不同班级人数的占比情况。

（3）制作工作表，使用直方图展示某高校一年级学生的体质指数分布情况。

（4）制作工作表，使用散点图展示体重、身高与体质指数的关系。

（5）制作仪表板，插入并排版上述工作表。

（6）保存工作簿。

项目考核

1. 选择题

（1）Tableau 的特点不包括（　　）。

　　A．图表交互性弱　　　　　　B．自定义程度高

　　C．数据处理能力强　　　　　D．易于操作

（2）在 Tableau 中，（　　）是指数据的一个属性或特征，通常是离散的、可枚举的值。

　　A．视图　　　　　　　　　　B．故事

　　C．度量　　　　　　　　　　D．维度

（3）在 Tableau 工作表工作区中，（　　）用于查看和管理数据源。

　　A．"分析"边栏

　　B．"数据"边栏

　　C．"筛选器"功能区

　　D．"列"功能区和"行"功能区

（4）在 Tableau 工作表工作区的"标记"功能区中，（　　）可对字段进行分类。

　　A．"标签"标记卡　　　　　B．"大小"标记卡

　　C．"详细信息"标记卡　　　D．"工具提示"标记卡

（5）在 Tableau 仪表板工作区的"仪表板"边栏中，（　　）用于显示已添加的布局。

　　A．设备预览区域　　　　　　B．"大小"区域

　　C．"工作表"区域　　　　　　D．"对象"区域

2. 判断题

（1）Tableau 提供了丰富的自定义功能，支持用户对可视化图表的样式、筛选器、仪表板布局等进行自定义。（　　）

（2）Tableau 支持连接 Tableau Server、本地文件、服务器中的数据。（　　）

（3）工作表是由一系列有序排列的仪表板和故事组成的集合。（　　）

（4）维度字段的图标颜色为绿色，度量字段的图标颜色为蓝色。（　　）

（5）Tableau 的标签栏主要用于显示已创建的工作表、仪表板和故事的标签。（　　）

项目评价

请学生结合本项目的学习情况,对学习成果进行自评和互评(组内成员相互评分),请指导教师进行师评和总评,并将评价结果填入表 4-2 中。

表 4-2　学习成果评价表

评价项目	评价内容	评价分数			
		分值	自评	互评	师评
项目完成度（20%）	项目准备阶段,回答问题清晰准确,紧扣主题,没有明显错误	5 分			
	项目实施阶段,根据操作步骤完成本项目	5 分			
	项目实训阶段,出色地完成实训内容	5 分			
	项目考核阶段,完成考核题目	5 分			
知识（35%）	Tableau 的产品和特点,以及 Tableau 中常用的图表	5 分			
	Tableau 的工作界面,包括开始界面和工作区界面	20 分			
	Tableau 数据可视化的基本流程	10 分			
技能（35%）	选择合适的图表展示不同的数据	5 分			
	使用 Tableau 连接数据源和管理数据、制作工作表、制作仪表板、制作故事	25 分			
	保存和导出 Tableau 中的工作成果	5 分			
素养（10%）	提升分析问题和处理问题的能力,培养系统化思维	5 分			
	锻炼具体问题具体分析的思维方式,增强积极主动寻求解决方法的意识	5 分			
合计		100 分			
总评	综合得分：_____ 综合等级：_____	指导教师签字：_____			

注：综合得分可按照"自评（25%）+ 互评（25%）+ 师评（50%）"进行计算；综合等级可以"优"（综合得分≥ 90 分）、"良"（80 分≤综合得分＜ 90 分）、"中"（60 分≤综合得分＜ 80 分）、"差"（综合得分＜ 60 分）为标准进行评价。

项目 5 ECharts 数据可视化

项目导读

ECharts 是一款基于 JavaScript 的数据可视化图表库,它主要用于创建直观、交互式、个性化的数据可视化图表。本项目先介绍 ECharts 数据可视化的相关知识,然后使用 ECharts 实现某地区环境监测数据可视化。

项目目标

知识目标

- 熟悉 ECharts 的特点,以及 ECharts 中常用的图表。
- 熟悉 ECharts 数据可视化的基本流程。
- 熟悉 ECharts 图表中的不同组件,包括标题、提示框、图例、网格、坐标轴、数据系列、工具栏等。

技能目标

- 能够搭建 ECharts 数据可视化开发环境。
- 能够选择合适的图表展示不同的数据。
- 能够使用 ECharts 绘制不同的图表,实现数据可视化。

素养目标

- 培养严谨细致、精益求精的工匠精神。
- 提高运用所学知识和技能解决实际问题的能力。

项目准备

全班学生以 3~5 人为一组进行分组，各组选出组长。组长组织组员扫码观看"HTML 简介"视频，讨论并回答下列问题。

问题 1：简述 HTML 的概念和功能。

HTML 简介

问题 2：简述 HTML 文件的结构。

5.1 ECharts 概述

5.1.1 ECharts 的特点

ECharts 是一款开源的数据可视化图表库，它具有图表类型丰富、数据集成性强、图表交互性强、自定义程度高、数据处理能力强、跨平台兼容等特点，如表 5-1 所示。

表 5-1 ECharts 的特点

特　点	说　明
图表类型丰富	ECharts 提供了 20 多种图表类型，并且支持图与图之间进行组合
数据集成性强	ECharts 支持直接传入二维表、键值对等多种格式的数据源
图表交互性强	ECharts 提供了丰富的交互功能，用户可以对图表进行缩放、数据筛选、排序等操作
自定义程度高	ECharts 可以个性化定制图表的组件，包括标题、提示框、图例、网格、坐标轴、数据系列、工具栏等
数据处理能力强	ECharts 能够处理和展示千万级的数据量
跨平台兼容	使用 ECharts 制作的图表能够展示在不同的设备（如电脑、平板、手机）上

ECharts 的功能丰富且自定义程度高，但是对于编程基础薄弱的用户来说，实现复杂的自定义功能可能比较困难。

5.1.2 ECharts 中常用的图表

ECharts 中常用的图表包括折线图、面积图、柱形图、条形图、饼图、环形图、雷达图、散点图、气泡图、仪表盘、热力图、地图等。在 ECharts 中，这些图表对应的英文名称如表 5-2 所示。

表 5-2 图表对应的英文名称

图表	英文名称	图表	英文名称
折线图、面积图	line	散点图、气泡图	scatter
柱形图、条形图	bar	仪表盘	gauge
饼图、环形图	pie	热力图	heatmap
雷达图	radar	地图	map

5.2 ECharts 数据可视化开发环境的搭建

5.2.1 下载 ECharts 文件

在使用 ECharts 数据可视化图表库之前，需要先下载 ECharts 文件，其下载步骤如下。

 使用浏览器访问 ECharts 的官网（https://echarts.apache.org），在打开的首页中单击"下载"下拉按钮，在展开的下拉列表中选择"下载"选项，如图 5-1 所示。

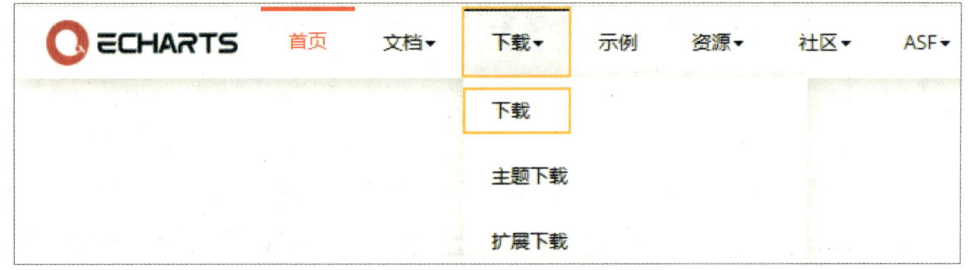

图 5-1 选择"下载"选项

步骤2　在打开的"下载"页面中单击"在线定制"按钮，如图5-2所示。

图5-2　单击"在线定制"按钮

步骤3　在打开的"在线定制"页面中单击"选择版本"下拉列表框，在展开的下拉列表中选择"5.5.0"选项；然后在"图表"区域、"坐标系"区域、"组件"区域选择所有选项；接着在"其他选项"区域取消勾选"代码压缩"复选框；最后单击"下载"按钮，如图5-3所示。

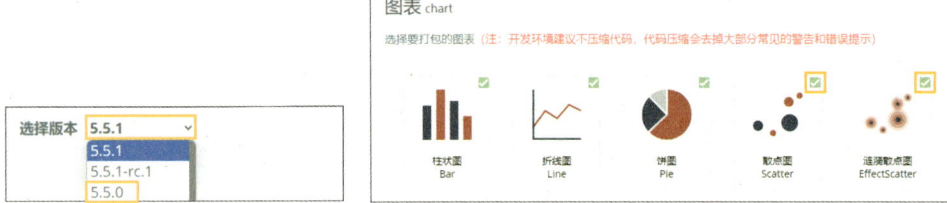

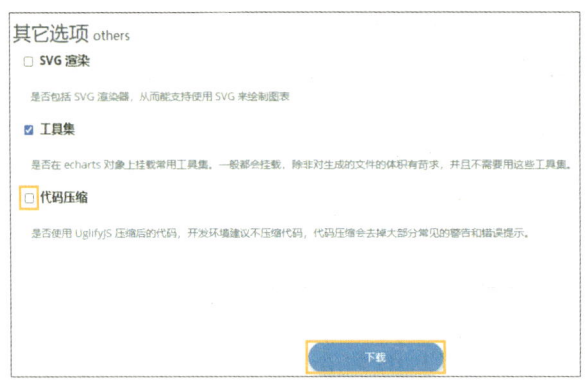

图5-3　下载ECharts文件

步骤4　下载完成后，打开文件的存储路径可以查看下载的ECharts文件"echarts.js"。

5.2.2　安装和使用VS Code

在实际开发中，通常需要使用开发工具编写ECharts可视化代码，以提高编程效率。Visual Studio Code（简称VS Code）是由微软公司开发的一款免费、开源、跨平台的代码编辑器，它具有代码补全、语法检查、代码高亮显示、Git版本控制等功能。本教材使用VS Code作为开发工具，其安装步骤如下。

步骤1 使用浏览器访问 VS Code 的官网（https://code.visualstudio.com），在打开的首页中选择"Updates"选项，如图 5-4 所示。

图 5-4 选择"Updates"选项

步骤2 在打开的 VS Code 历史版本页面左侧选择"September 2024"选项，然后单击"x64"链接文字，下载 VS Code 安装文件，如图 5-5 所示。

图 5-5 下载 VS Code 安装文件

步骤3 下载完成后，双击下载的"VSCodeUserSetup-x64-1.94.2.exe"文件，打开"安装 - Microsoft Visual Studio Code（User）"对话框，进入"许可协议"界面，选中"我同意此协议"单选钮，单击"下一步"按钮，如图 5-6 所示。

步骤4 进入"选择目标位置"界面，单击"浏览"按钮，选择合适的安装位置，单击"下一步"按钮，如图 5-7 所示。

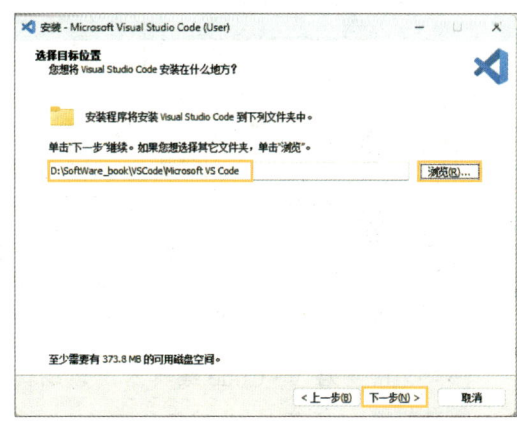

图 5-6 设置许可协议　　　　　　图 5-7 设置安装位置

步骤5 进入新的界面，保持界面默认设置，连续单击"下一步"按钮，最后单击"安装"按钮，开始安装。

步骤6 安装完成后，在"Visual Studio Code 安装完成"界面中单击"完成"按钮。

步骤7 启动 VS Code 编辑器，默认进入"Welcome"界面，选择"Light Modern"主题颜色（默认为"Dark Modern"），如图 5-8 所示。

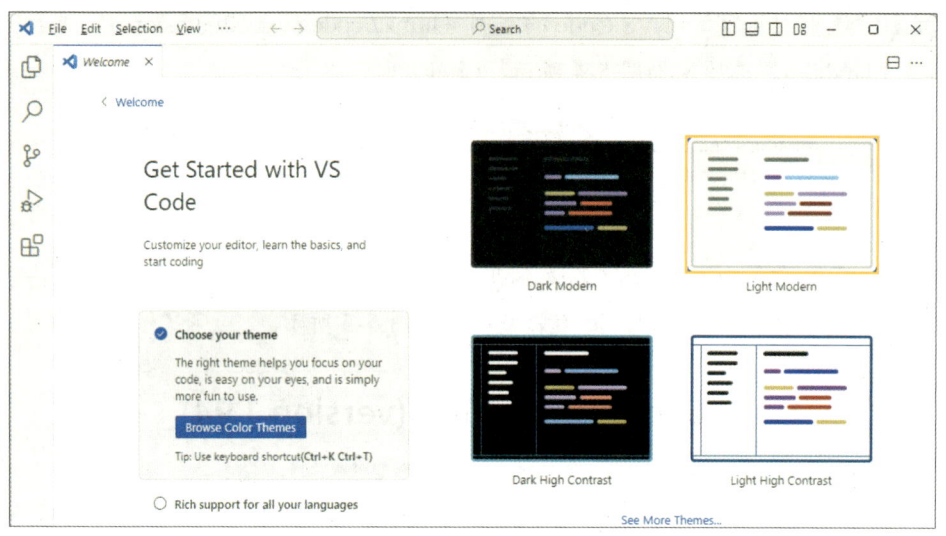

图 5-8 选择主题颜色

步骤8 选择界面左侧的"Extensions"选项,打开"EXTENSIONS"侧边栏,在搜索框中输入"Chinese"并按"Enter"键,单击第 1 个选项的"Install"按钮,安装适用于 VS Code 编辑器的中文语言插件,如图 5-9 所示。

步骤9 在搜索框中输入"open in browser"并按"Enter"键,单击第 1 个选项的"Install"按钮,安装用于打开 HTML 文件的插件,如图 5-10 所示。

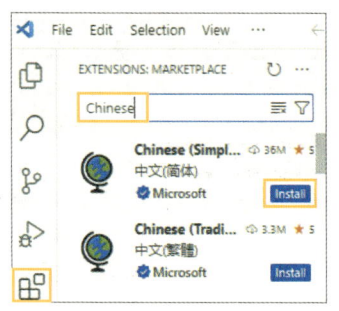 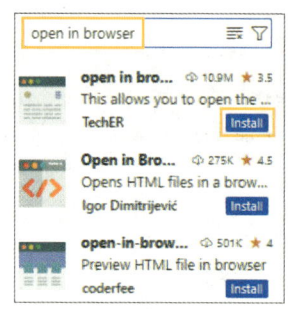

图 5-9 安装中文语言插件　　　　　图 5-10 安装用于打开 HTML 文件的插件

步骤10 重启 VS Code 编辑器,该编辑器默认使用的英文即可变为中文。

步骤11 在计算机的合适位置新建"BOOKCODE"文件夹(此处文件夹的路径为"D\素材与实例\项目 5\BOOKCODE"),用于存放 ECharts 文件和本项目中创建的 HTML 文件;在该文件夹中新建"js"文件夹,并将下载的"echarts.js"文件移到新建的"js"文件夹中。

步骤12 在 VS Code 编辑器的菜单栏中单击"文件"按钮,在展开的列表中选择"打开文件夹"选项;在打开的"打开文件夹"对话框中选择"BOOKCODE"文件夹,单击"选择文件夹"按钮,如图 5-11 所示。

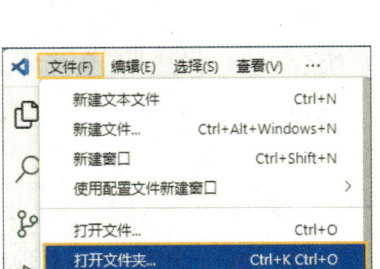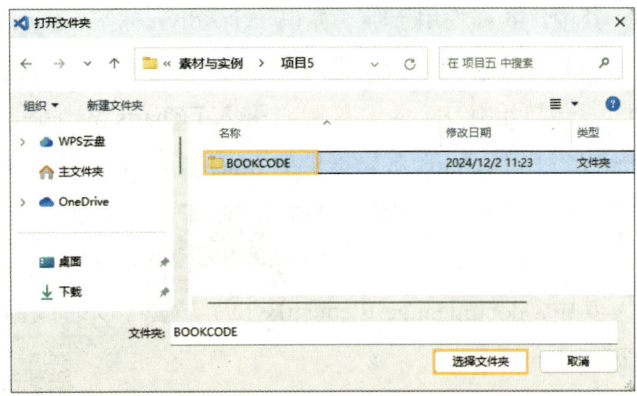

图 5-11　打开用于存放代码文件的文件夹

5.3　ECharts 数据可视化的基本流程

ECharts 数据可视化的基本流程包括引入 ECharts 文件、创建容器、初始化 ECharts 实例、设置图表的配置项、显示图表、运行代码等。

（1）**引入 ECharts 文件**。在 HTML 文件中使用 <script> 标签的 src 属性引入 ECharts 文件，以便在后续的代码中调用 ECharts 提供的各类 API，实现不同的功能。引入 ECharts 文件的示例代码如下。

```
<script src="path/to/echarts.js"></script>
```

其中，"path/to/echarts.js"需要替换为 ECharts 文件 "echarts.js" 的实际存放路径或该文件的网络链接。

> **高手点拨**
>
> 引入 ECharts 文件的方法有以下两种。
> ① 本地引入。先下载 ECharts 文件，然后在 <script> 标签中指定存放 ECharts 文件的本地路径。
> ② 内容分发网络（content delivery network，CDN）引入。直接在 <script> 标签中指定 ECharts 文件的网络链接。

（2）**创建容器**。在 HTML 文件的 <body> 标签中使用 <div> 标签创建一个用于放置图表的容器，示例代码如下。

```
<div id="main" style="width: 600px; height: 400px;"></div>
```

其中，id 属性用于唯一标识一个 <div> 标签；style 属性用于设置容器的样式（如宽和高），该容器的大小决定了图表的大小。

（3）**初始化 ECharts 实例**。引入 ECharts 文件后，系统会自动创建一个全局对象 echarts，使用 echarts 对象提供的 init() 方法可以初始化一个 ECharts 实例，并绑定创建的容器。初始化 ECharts 实例的示例代码如下。

```
var myChart = echarts.init(document.getElementById('main'));
```

其中，document.getElementById() 方法可以通过标签的 id 属性值获取特定的 HTML 标签。

（4）**设置图表的配置项**。配置项（option）是 ECharts 图表的核心，它决定了图表的各种组件。其中，组件通常包括标题、提示框、图例、网格、坐标轴、数据系列、工具栏等。设置图表配置项的示例代码如下。

```
var option = {
    //标题组件
    title: {
        text: 'ECharts入门示例'
    },
    //提示框组件
    tooltip: {},
    //图例组件
    legend: {
        data: ['销量']
    },
    //网格组件
    grid: {
        left: '3%',
        right: '4%',
        bottom: '3%'
    },
    //X轴组件
    xAxis: {
        data: ['衬衫','羊毛衫','雪纺衫','裤子','高跟鞋','袜子']
    },
    //Y轴组件
    yAxis: {},
    //数据系列组件
    series: [
        {
            name: '销量',
```

```
            type: 'bar',
            data: [5, 20, 36, 10, 10, 20]
        }
    ],
    //工具栏组件
    toolbox: {
        show: true,
        feature: {
            saveAsImage: {show: true}
        }
    }
}
```

（5）**显示图表**。调用 ECharts 实例的 setOption() 方法根据传入的配置项来显示图表，示例代码如下。

```
myChart.setOption(option);
```

（6）**运行代码**。使用浏览器运行 HTML 文件，在网页中展示图表。

高手点拨

当需要在一个网页中展示多个图表时，只需创建多个容器，初始化多个 ECharts 实例，设置多个图表的配置项，然后显示多个图表即可。

5.4 ECharts 图表中的组件

绘制 ECharts 图表的关键是设置图表配置项，即对图表中的各种组件进行设置。接下来，我们对 ECharts 图表中常用的组件进行介绍。

5.4.1 标题

标题（title）包含主标题和副标题。设置标题的示例代码如下。

```
title: {
    text: '图表主标题',              //设置图表的主标题名称
    subtext: '图表副标题',           //设置图表的副标题名称
    left: 'center',                //设置标题与容器左侧的距离
```

```
    top: 'top',                           //设置标题与容器顶部的距离
    textStyle: {                          //设置标题的文本样式
        color: '#000000',                 //字体颜色
        fontSize: 20,                     //字体大小
        fontWeight: 'bold'                //字体粗细
    },
    show: true                            //设置是否显示标题
}
```

其中，属性的详细解释如下。

- text：用于设置图表的主标题名称。
- subtext：用于设置图表的副标题名称。
- left：用于设置标题与容器左侧的距离。该属性的值可以是 auto（自适应，默认值）、left（左侧）、center（居中）或 right（右侧）；也可以是百分比（如 10%），表示标题在容器宽度的 10% 处显示；还可以是具体的像素值（如 10 px）。
- top：用于设置标题与容器顶部的距离。该属性的值可以是 auto（默认值）、top（顶部）、middle（居中）或 bottom（底部）等；也可以是百分比；还可以是具体的像素值。
- textStyle：用于设置标题的文本样式。常见的文本样式有字体颜色（color）、字体大小（fontSize）、字体粗细（fontWeight）等。
- show：用于设置是否显示标题。该属性的值为 true（默认值）或 false。其中，true 表示显示标题；false 表示不显示标题。

5.4.2 提示框

当用户将鼠标指针悬停在图表的数据项或数据点上时，提示框（tooltip）可以显示该数据项或数据点的详细信息。设置提示框的示例代码如下。

```
tooltip: {
    trigger: 'item',                      //设置提示框的触发类型
    axisPointer: { type: 'line' },        //设置坐标轴的指示器
    formatter: '{b}<br/>{a}:{c}'          //设置提示框浮层内容格式器
}
```

其中，属性的详细解释如下。

- trigger：用于设置提示框的触发类型。该属性的值为 item（默认值）、axis 或 none 等。其中，item（数据项图形触发）表示当鼠标指针悬停在图表的数据项（如散点图的点、饼图的扇形）上时触发提示框，主要在散点图、饼图等无类目轴的图表中使用；axis（坐标轴触发）表示当鼠标指针悬停在图表中的某个数据点上时触发提

示框，主要在折线图、柱形图等有类目轴的图表中使用；none 表示不触发提示框。
- axisPointer：用于设置坐标轴的指示器。坐标轴指示器是指示鼠标指针当前位置的工具。其中，type 属性用于设置指示器的类型，该属性的值为 line（直线指示器）、shadow（阴影指示器）、none（无指示器）或 cross（十字准星指示器）等。
- formatter：用于设置提示框浮层内容格式器，支持字符串模板和回调函数两种形式。通常采用字符串模板形式，常用的字符串模板变量包括 {a}、{b}、{c}、{d} 等。当 trigger 属性的值为 axis 时，会提示多个数据系列的数据，此时可以通过 {a0}、{a1}、{a2} 这种加索引的方式表示不同的数据系列名称。

> **高手点拨**
>
> 在不同的图表类型中，变量 {a}、{b}、{c}、{d} 的含义不同。
> ① 在折线图、面积图、柱形图、条形图中，变量 {a} 表示数据系列名称；变量 {b} 表示类目值；变量 {c} 表示数据值；没有变量 {d}。
> ② 在散点图、气泡图中，变量 {a} 表示数据系列名称；变量 {b} 表示数据名称；变量 {c} 表示数据数组；没有变量 {d}。
> ③ 在饼图、仪表盘中，变量 {a} 表示数据系列名称；变量 {b} 表示数据项名称；变量 {c} 表示数据值；变量 {d} 表示百分比。

5.4.3 图例

图例（legend）用于说明不同数据系列的标识。设置图例的示例代码如下。

```
legend: {
    type: 'plain',              //设置图例的类型
    left: '60%',                //设置图例与容器左侧的距离
    top: 'top',                 //设置图例与容器顶部的距离
    orient: 'vertical',         //设置图例列表的布局朝向
    data: ['销量', '进货量']     //设置图例的文本
}
```

其中，属性的详细解释如下。
- type：用于设置图例的类型。该属性的值为 plain（默认值）或 scroll 等。其中，plain 表示普通图例；scroll 表示可滚动翻页的图例。
- orient：用于设置图例列表的布局朝向。该属性的值为 horizontal（默认值）或 vertical 等。其中，horizontal 表示水平方向；vertical 表示垂直方向。
- data：用于设置图例的文本，该属性的值为数组，数组中的元素与数据系列名称一一对应。

5.4.4 网格

网格（grid）用于定义图表绘制区域的布局和样式。需要注意的是，在直角坐标系中才能设置网格。设置网格的示例代码如下。

```
grid: {
    left: '10%',              //设置网格组件与容器左侧的距离
    top: 60,                  //设置网格组件与容器顶部的距离
    containLabel: true,       //设置网格区域是否包含坐标轴的刻度标签
    width: 'auto',            //设置网格的宽度
    height: 'auto',           //设置网格的高度
    backgroundColor: 'transparent'    //设置网格的背景颜色
}
```

其中，属性的详细解释如下。

- containLabel：用于设置网格区域是否包含坐标轴的刻度标签。该属性的值为 true 或 false（默认值）。其中，true 表示网格区域包含坐标轴的刻度标签，防止刻度标签的长度动态变化时，刻度标签溢出容器或覆盖其他组件；false 表示网格区域不包含坐标轴的刻度标签。
- width：用于设置网格的宽度，默认值为 auto（自适应）。
- height：用于设置网格的高度，默认值为 auto。
- backgroundColor：用于设置网格的背景颜色，默认值为 transparent（透明）。

5.4.5 坐标轴

在直角坐标系中，设置 X 轴（xAxis）和 Y 轴（yAxis）的示例代码如下。

```
xAxis: {
    type: 'category',             //设置坐标轴的类型
    name: '横坐标轴名称',          //设置坐标轴的名称
    nameLocation: 'center',       //设置坐标轴名称的显示位置
    nameGap: 35,                  //设置坐标轴名称与轴线之间的距离
    nameTextStyle: {              //设置坐标轴名称的文本样式
        color: '#000000',         //字体颜色
        fontSize: 15,             //字体大小
        fontWeight: 'bold'        //字体粗细
    },
    axisLine: {                   //设置坐标轴的轴线
        show: true,               //是否显示坐标轴轴线
```

```
            onZero: true,              //X轴的轴线是否在Y轴的0刻度上
            lineStyle: {                //轴线的样式
                color: '#000000'
            }
        },
        axisLabel: {                    //设置坐标轴的刻度标签
            interval: 'auto',           //刻度标签的显示间隔
            inside: false,              //刻度标签是否朝内
            rotate: 45                  //刻度标签旋转的角度
        },
        //设置坐标轴刻度标签文本
        data: ['衬衫', '羊毛衫', '雪纺衫', '裤子', '高跟鞋', '袜子']
    },
    //X轴组件和Y轴组件的属性基本一致，以下只列举Y轴组件的部分属性
    yAxis: {
        type: 'value',
        name: '纵坐标轴名称',
        nameLocation: 'center',
        nameGap: 40
    }
```

其中，属性的详细解释如下。

- type：用于设置坐标轴的类型。该属性的值为 value（数值轴）、category（类目轴）、time（时间轴）或 log（对数轴）等。其中，X 轴的默认值为 category，category 适用于离散的类目数据，该类目数据可以使用 X 轴组件中的 data 属性进行设置，也可以从数据系列的 data 属性中获取；Y 轴的默认值为 value。
- name：用于设置坐标轴的名称。
- nameLocation：用于设置坐标轴名称的显示位置。该属性的值为 start（起始）、middle（居中）、center（居中）或 end（末尾，默认值）等。
- nameGap：用于设置坐标轴名称与轴线之间的距离。
- nameTextStyle：用于设置坐标轴名称的文本样式。
- axisLine：用于设置坐标轴的轴线。其中，show 属性用于设置是否显示坐标轴轴线；onZero 属性用于设置 X 轴或 Y 轴的轴线是否在另一个轴的 0 刻度上，该属性只有在另一个轴为数值轴且包含 0 刻度时有效；lineStyle 属性用于设置轴线的样式。
- axisLabel：用于设置坐标轴的刻度标签。其中，interval 属性用于设置刻度标签的显示间隔，默认值为 auto，该属性值为 0 时，表示显示所有刻度标签，属性值为 1 时，表示隔 1 个刻度标签显示 1 个刻度标签，以此类推；inside 属性用于设

置刻度标签是否朝内，该属性的值为 true 或 false（默认值），当属性值为 true 时，表示刻度标签朝内；rotate 属性用于设置刻度标签旋转的角度，旋转角度的范围为 -90 度到 90 度。
- data：用于设置坐标轴刻度标签文本，该属性的值为数组。

5.4.6 数据系列

每个图表可以包含多个数据系列（series），多个数据系列包含在中括号里，每个数据系列包含在大括号里。设置数据系列的示例代码如下。

```
series: [
    {
        name: '销量',                       //设置数据系列的名称
        colorBy: 'series',                  //设置从调色盘中取色的策略
        label: {                            //设置图形上的文本标签
            show: true,                     //是否显示文本标签
            distance: 5,                    //文本标签与图形的距离
            color: '#000000',               //文本标签的颜色
            position: 'inside'              //文本标签的显示位置
        },
        itemStyle: {                        //设置图形的样式
            color: '#FFFFFF ',              //图形的颜色
            borderColor: '#000000',         //图形的边框颜色
            borderWidth: 2                  //图形的边框宽度
        },
        emphasis: {                         //设置高亮状态下的样式
            itemStyle: {                    //设置图形的样式
                shadowBlur: 10,             //阴影的模糊大小
                shadowOffsetX: 0,           //阴影的水平偏移量
                shadowColor: '#828282'      //阴影的颜色
            }
        },
        data: [820, 932, 901, 934, 1290, 1330],
        type: 'bar'                         //设置图表的类型
    },
    {
        name: '进货量',
        colorBy: 'series',
        data: [920, 952, 950, 999, 1500, 1750],
        type: 'bar'
    }
]
```

其中，属性的详细解释如下。
- name：用于设置数据系列的名称。
- colorBy：用于设置从调色盘中取色的策略。该属性的值为 series（默认值）或 data 等。其中，series 表示按照数据系列分配调色盘中的颜色，同一数据系列中的所有数据都使用相同的颜色；data 表示按照数据项分配调色盘中的颜色，每个数据项都使用不同的颜色。
- label：用于设置图形上的文本标签，显示图形的一些数据信息，如名称、值等。其中，show 属性用于设置是否显示文本标签；distance 属性用于设置文本标签与图形元素的距离；color 属性用于设置文本标签的颜色；position 属性用于设置文本标签的显示位置，该属性的值为 top、left、right、bottom、inside、insideLeft、insideRight、insideTop 或 insideBottom 等。
- itemStyle：用于设置图形的样式。其中，color 属性用于设置图形的颜色，不设置该属性时，默认从调色盘中获取颜色；borderColor 属性用于设置图形的边框颜色；borderWidth 属性用于设置图形的边框宽度。
- emphasis：用于设置高亮状态下的样式。其中，itemStyle 属性用于设置高亮状态下图形的样式。
- data：用于设置数据系列的数据，该属性的值为数组。
- type：用于设置图表的类型。该属性的常用值见表 5-2。

> **高手点拨**
>
> 每种图表的数据系列组件的属性有所差异，读者可在 ECharts 官网的文档中自行查看每种图表数据系列组件的详细属性。
>
> 在设置各组件的数据时，可以手动输入数据；也可以使用 AJAX 或 fetch 动态获取外部数据。在实际应用中，通常使用第 2 种方式获取数据。本项目主要讲解使用 ECharts 绘制各种图表的方法，不对动态获取数据的方法进行介绍，感兴趣的读者可自行查阅相关资料。

5.4.7 工具栏

工具栏（toolbox）中内置了导出图片、数据视图、动态类型切换、数据区域缩放、重置 5 个工具。其中，导出图片工具用于将图表导出为图片；数据视图工具用于打开数据视图，在数据视图中可以查看和编辑数据；动态类型切换工具可将当前图表类型切换为其他图表类型；数据区域缩放工具可对图表中的特定数据区域进行缩放操作；重置工具可将图表还原至初始状态。设置工具栏的示例代码如下。

```
toolbox: {
    show: true,                                  //设置是否显示工具栏
    orient: 'horizontal',                        //设置工具栏的布局朝向
    top: '0%',                                   //设置工具栏与容器顶部的距离
    itemSize: 15,                                //设置工具栏中每项工具按钮的图标大小
    itemGap: 8,                                  //设置工具栏中每项工具按钮之间的距离
    feature: {                                   //设置各工具配置项
        //导出图片工具
        saveAsImage: { show: true },
        //数据视图工具
        dataView: { show: true, readOnly: false },
        //动态类型切换工具
        magicType: { show: true, type: ['line', 'bar'] },
        //数据区域缩放工具
        dataZoom: { show: true },
        //重置工具
        restore: { show: true }
    }
}
```

其中，属性的详细解释如下。

- itemSize：用于设置工具栏中每项工具按钮的图标大小。
- itemGap：用于设置工具栏中每项工具按钮之间的距离。
- feature：用于设置各工具配置项。其中，saveAsImage 属性用于设置导出图片工具；dataView 属性用于设置数据视图工具，该属性中的 readOnly 属性用于设置数据视图中的数据是否为只读；magicType 属性用于设置动态类型切换工具，该属性中的 type 属性用于设置可切换的图表类型，包括 line（折线图）、bar（簇状柱形图）和 stack（堆积模式）等；dataZoom 属性用于设置数据区域缩放工具；restore 属性用于设置重置工具。

5.5 使用 ECharts 绘制图表

使用 ECharts 绘制图表本质上就是组合和配置各种组件，从而直观地展示不同的数据，实现数据可视化。

5.5.1 折线图与面积图

使用 ECharts 绘制折线图与面积图时,需要将数据系列组件中 type 属性的值设置为 line。在折线图的数据系列组件中添加 areaStyle 属性,即可绘制面积图,示例代码如下。

```
series: [
    {
        name: '最高气温',
        type: 'line',
        areaStyle: {                    //设置区域的填充样式
            color: '#FFF5EE',           //区域的填充颜色
            opacity: 0.3                //区域的透明度
        },
        data: [17, 13, 19, 17, 11, 7, 11]
    }
]
```

其中,areaStyle 属性用于设置区域的填充样式。该属性中的 color 属性用于设置区域的填充颜色;opacity 属性用于设置区域的透明度。

【例 5-1】 某地区一周的气温如表 5-3 所示。绘制折线图,展示该地区一周的气温变化。

表 5-3 某地区一周的气温

(单位:℃)

日 期	周一	周二	周三	周四	周五	周六	周日
最高气温	17	13	19	17	11	7	11
最低气温	5	11	10	7	1	-2	-1

步骤1 新建文件夹。在 VS Code 编辑器的资源管理器中单击"新建文件夹"按钮,在打开的编辑框中输入"line"并按"Enter"键,如图 5-12 所示。

步骤2 新建文件。右击"line"文件夹,在弹出的快捷菜单中选择"新建文件"选项,在打开的编辑框中输入"line_basic.html"并按"Enter"键,如图 5-13 所示。

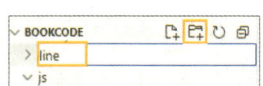

图 5-12 新建文件夹

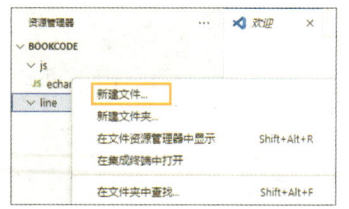

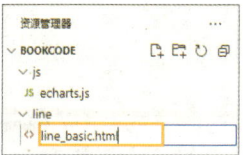

图 5-13 新建文件

步骤3 界面显示打开的"line_basic.html"文件，在该文件中编写代码。参考代码如下。

```html
<!DOCTYPE html>
<html lang="en">
<head>
<meta charset="UTF-8">
    <!-- 引入ECharts文件 -->
    <script src="../js/echarts.js"></script>
</head>
<body>
    <!-- 创建容器 -->
    <div id="main" style="width: 600px;height: 400px"></div>
    <script>
        //初始化ECharts实例
        var myChart = echarts.init(document.getElementById('main'));
        //设置图表的配置项
        var option = {
            //标题组件，设置图表的主标题名称
            title: { text: '某地区一周的气温变化折线图' },
            //提示框组件，设置提示框的触发类型为坐标轴触发
            tooltip: { trigger: 'axis' },
            //图例组件，说明不同数据系列的标识
            legend: {
                left: 'left',            //设置图例在容器的左侧显示
                top: '8%',               //设置图例在容器高度的8%处显示
                //设置图例的文本，需要与数据系列名称一一对应
                data: ['最高气温', '最低气温']
            },
            //X轴组件
            xAxis: {
                type: 'category',        //设置X轴的类型为类目轴
                name: '日期',            //设置X轴的名称
                nameLocation: 'center',  //设置X轴名称居中显示
                nameGap: 35,             //设置X轴名称与轴线之间的距离为35 px
                //设置坐标轴刻度标签文本
                data: ['周一', '周二', '周三', '周四', '周五', '周六', '周日']
            },
            //Y轴组件
            yAxis: {
```

```
            type: 'value',              //设置Y轴的类型为数值轴
            name: '气温（℃）',
            nameLocation: 'center',
            nameGap: 30
        },
        //数据系列组件
        series: [
            {
                name: '最高气温',        //设置数据系列的名称
                type: 'line',            //设置图表的类型为折线图
                data: [17, 13, 19, 17, 11, 7, 11]
            },
            {
                name: '最低气温',
                type: 'line',
                data: [5, 11, 10, 7, 1, -2, -1]
            }
        ],
        //工具栏组件
        toolbox: {
            show: true,                  //显示工具栏
            feature: {                   //设置各工具配置项
                //导出图片工具
                saveAsImage: {show: true},
                //数据视图工具
                dataView: { readOnly: false },
                //动态类型切换工具，可切换为柱形图
                magicType: { type: ['bar'] },
                //数据区域缩放工具
                dataZoom: { show: true },
                //重置工具
                restore: { show: true }
            }
        }
    };
    //显示图表
    myChart.setOption(option);
</script>
</body>
</html>
```

步骤4 右击代码，在弹出的快捷菜单中选择"Open In Default Browser"选项，运行代码，如图5-14所示。使用浏览器打开网页文件，在页面中显示"某地区一周的气温变化折线图"，效果如图5-15所示。

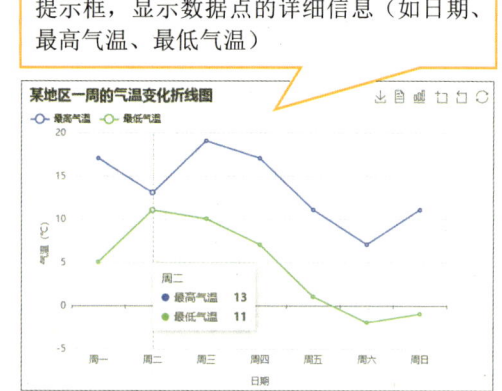

> 将鼠标指针悬停在图表的数据点上，会触发提示框，显示数据点的详细信息（如日期、最高气温、最低气温）

图 5-14　运行代码　　　　　图 5-15　"某地区一周的气温变化折线图"效果

小提示

编写或修改代码后，需要先保存文件，然后再运行代码。后续只提供核心代码，完整代码可参考本书配套素材。

步骤5 在图表的工具栏中单击"Save as Image"按钮，导出图片，如图5-16所示。

步骤6 在图表的工具栏中单击"Data View"按钮，显示数据视图，如图5-17所示。在数据视图下方单击"Close"按钮可关闭数据视图；在数据视图中编辑数据后，单击"Refresh"按钮可刷新数据并关闭数据视图。

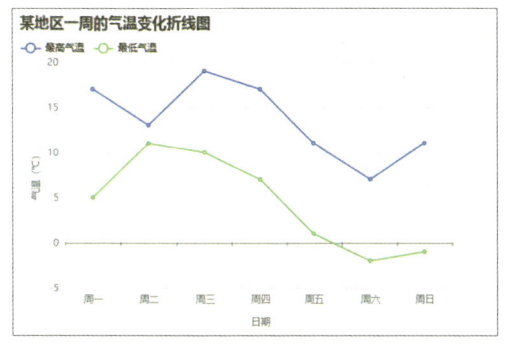

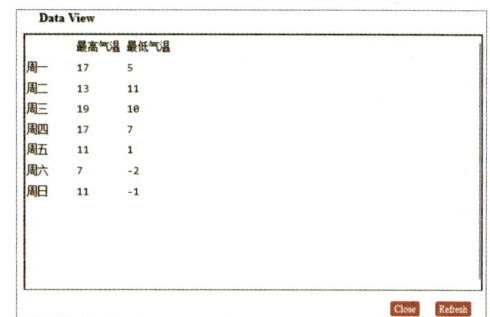

图 5-16　导出的图片　　　　　图 5-17　数据视图

步骤7 在图表的工具栏中单击"Switch to Bar Chart"按钮，将折线图切换为柱形图，如图5-18所示。

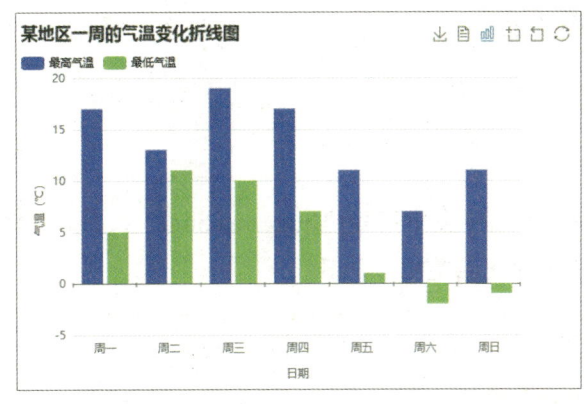

图 5-18　切换为柱形图

步骤8　在图表的工具栏中单击"Zoom"按钮，然后按住鼠标左键选择周二至周五的数据区域（呈现阴影色），释放鼠标即可放大该区域，如图 5-19 所示。在图表的工具栏中单击"Zoom Reset"按钮，还原放大的数据区域。

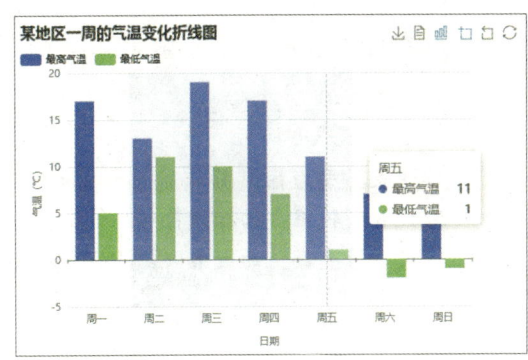
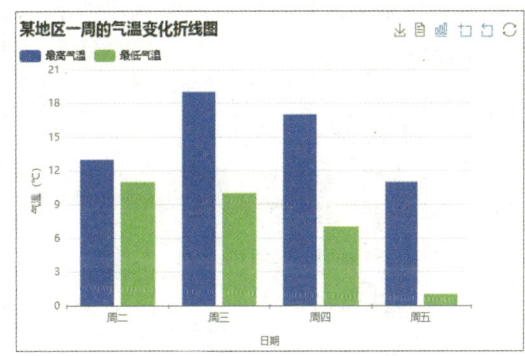

图 5-19　放大数据区域

步骤9　在图表的工具栏中单击"Restore"按钮，重置图表，图表恢复至初始状态，如图 5-20 所示。

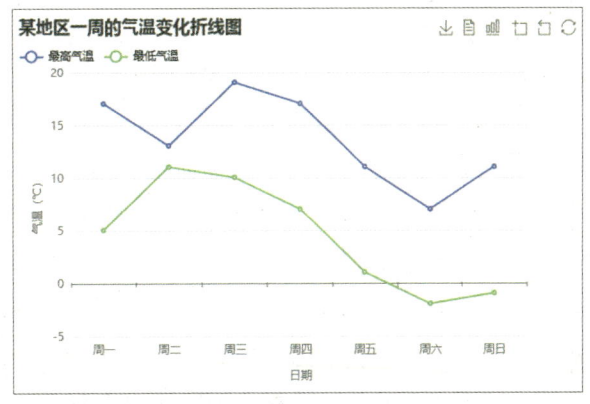

图 5-20　重置图表

【结果分析】 从图 5-20 可以看出，周二的温差最小；周三至周日最高气温和最低气温的变化趋势一致。

 小试牛刀

请同学们在"line"文件夹中新建"line_area.html"文件，并在该文件中编写代码，绘制"某地区一周的气温变化面积图"。

5.5.2 柱形图与条形图

使用 ECharts 绘制柱形图与条形图时，需要将数据系列组件中 type 属性的值设置为 bar。

（1）将数据系列组件中 type 属性的值设置为 bar，并根据需要设置图表的其他组件，即可绘制簇状柱形图。在簇状柱形图的数据系列组件中添加 stack 属性和 stackStrategy 属性，即可绘制堆积柱形图，示例代码如下。

```
series: [
    {
        name: '绘画组',
        type: 'bar',                    //图表类型为柱形图
        stack: '总量',                   //设置数据堆叠的标识符
        stackStrategy: 'samesign',      //设置堆叠数值的策略
        data: [30, 40, 35, 25]
    },
    {
        name: '书法组',
        type: 'bar',
        stack: '总量',
        stackStrategy: 'samesign',
        data: [20, 25, 30, 15]
    }
]
```

其中，属性的详细解释如下。

- **stack**：用于设置数据堆叠的标识符，同一个类目轴上 stack 属性值相同的数据系列中的数据将会堆叠在一起。例如，绘画组和书法组在同一个类目轴上，且 stack 属性值（总量）相同，则 30 和 20 会堆叠在一起，40 和 25 会堆叠在一起，以此类推。

- **stackStrategy**：用于设置堆叠数值的策略。该属性的值为 samesign（默认值）、all、

positive 或 negative 等。其中，samesign 表示当要堆叠的值与当前累积的堆叠值具有相同的正负符号时才进行堆叠；all 表示堆叠所有的值；positive 表示只堆叠正值；negative 表示只堆叠负值。

（2）将柱形图的 X 轴组件和 Y 轴组件互换，即可绘制条形图。

【例 5-2】 各季节各兴趣小组的参与人数如表 5-4 所示。绘制簇状柱形图，展示各季节各兴趣小组的参与人数。

表 5-4　各季节各兴趣小组的参与人数

（单位：人）

兴趣小组	春季参与人数	夏季参与人数	秋季参与人数	冬季参与人数
绘画组	30	40	35	25
书法组	20	25	30	15
音乐组	40	35	45	30

步骤1　在"BOOKCODE"文件夹中新建"bar"文件夹，然后在"bar"文件夹中新建"bar_basic.html"文件，并在该文件中编写代码。参考代码如下。

```html
<div id="main" style="width: 800px; height: 600px;"></div>
<script>
    var myChart = echarts.init(document.getElementById('main'));
    var option = {
        title: { text: '各季节各兴趣小组参与人数簇状柱形图' },
        //设置提示框的触发类型为坐标轴触发
        tooltip: { trigger: 'axis' },
        legend: {                          //图例组件
            left: '70%',                   //设置图例在容器宽度的70%处显示
            data: ['绘画组', '书法组', '音乐组']
        },
        xAxis: {
            type: 'category',              //设置X轴的类型为类目轴
            name: '季节',                   //设置X轴的名称
            nameLocation: 'center',        //设置X轴名称居中显示
            nameGap: 35,                   //设置X轴名称与轴线之间的距离为35 px
            nameTextStyle: {               //设置X轴名称的文本样式
                color: '#00688B',          //字体颜色
                fontSize: 15,              //字体大小为15 px
                fontWeight: 'bold'         //字体粗细为加粗
            },
            data: ['春季', '夏季', '秋季', '冬季']
```

```
    },
    yAxis: {
        type: 'value',                    //设置Y轴的类型为数值轴
        name: '人数（人）',
        nameLocation: 'center',
        nameGap: 35,
        nameTextStyle: {
            color: '#00688B',
            fontSize: 15 ,
            fontWeight: 'bold'
        }
    },
    series: [
        {
            name: '绘画组',                //设置数据系列的名称
            type: 'bar',                  //设置图表类型为柱形图
            label: {                      //设置柱形上的文本标签
                show: true,               //显示文本标签
                distance: 10,             //文本标签与柱形的距离为10 px
                color: '#3CB371',         //文本标签的颜色
                position: 'top'           //文本标签在柱形上方显示
            },
            data: [30, 40, 35, 25]
        },
        {
            name: '书法组',
            type: 'bar',
            label: {
                show: true,
                distance: 10,
                color: '#3CB371',
                position: 'top'
            },
            data: [20, 25, 30, 15]
        },
        {
            name: '音乐组',
            type: 'bar',
            label: {
                show: true,
```

```
                    distance: 10,
                    color: '#3CB371',
                    position: 'top'
                },
                data: [40, 35, 45, 30]
            }
        ]
    };
    myChart.setOption(option);
</script>
```

步骤2 运行代码，使用浏览器打开网页文件，在页面中显示"各季节各兴趣小组参与人数簇状柱形图"，效果如图 5-21 所示。

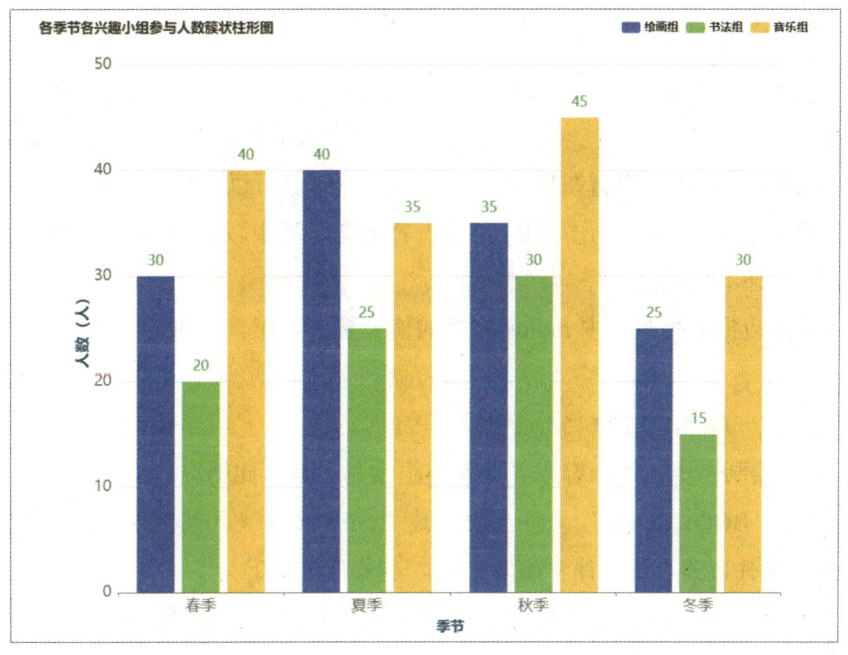

图 5-21 "各季节各兴趣小组参与人数簇状柱形图"效果

【结果分析】 从图 5-21 可以看出，冬季各兴趣小组的参与人数均较少；秋季音乐组的参与人数最多。

小试牛刀

请同学们在"bar"文件夹中新建"bar_stack.html"和"bar_horizontal.html"文件，并在文件中编写代码，绘制"各季节各兴趣小组参与人数堆积柱形图"和"各季节各兴趣小组参与人数簇状条形图"。

5.5.3 饼图与环形图

使用 ECharts 绘制饼图与环形图时，需要将数据系列组件中 type 属性的值设置为 pie。

（1）饼图数据系列组件的示例代码如下。

```
series: [
    {
        name: '参与人数',
        type: 'pie',                    //设置图表类型为饼图
        radius: '50%',                  //设置饼图的半径
        data: [                         //设置数据系列的数据
            { value: 30, name: '绘画组' },
            { value: 20, name: '书法组' },
            { value: 40, name: '音乐组' }
        ]
    }
]
```

其中，radius 属性用于设置饼图的半径。该属性的值可以是数值，表示饼图外半径的具体值；也可以是百分比，表示饼图外半径占容器宽、高中较小项的百分比；还可以是数组，表示饼图的外半径和内半径。

（2）将饼图数据系列组件中 radius 属性的值设置为数组，即可绘制环形图，示例代码如下。

```
radius: ['50%', '70%']
```

【例 5-3】 绘制饼图，展示春季各兴趣小组参与人数占比情况。

步骤1 在"BOOKCODE"文件夹中新建"pie"文件夹，然后在"pie"文件夹中新建"pie.html"文件，并在该文件中编写代码。参考代码如下。

```
<div id="main" style="width: 600px; height: 400px;"></div>
<script>
    var myChart = echarts.init(document.getElementById('main'));
    var option = {
        title: {
            text: '春季各兴趣小组参与人数占比饼图',
            left: 'center'                  //设置标题居中显示
        },
        //设置提示框的触发类型为数据项图形触发
        tooltip: { trigger: 'item' },
        legend: {
            orient: 'vertical',             //设置图例列表的布局朝向为垂直方向
            left: 'left'                    //设置图例在容器的左侧显示
```

```
            },
            series: [
                {
                    name: '参与人数',
                    type: 'pie',                    //设置图表类型为饼图
                    //设置饼图的外半径占容器宽、高中较小项的50%
                    radius: '50%',
                    label: {
                        show: true,
                        formatter: '{d}%'           //以百分比形式显示数据
                    },
                    data: [
                        { value: 30, name: '绘画组' },
                        { value: 20, name: '书法组' },
                        { value: 40, name: '音乐组' }
                    ],
                    emphasis: {                     //设置高亮状态下的样式
                        itemStyle: {                //设置图形的样式
                            shadowBlur: 10,         //阴影的模糊大小为10 px
                            shadowOffsetX: 10,      //阴影的水平偏移量为10 px
                            shadowColor: '#828282'  //阴影的颜色
                        }
                    }
                }
            ]
        };
    myChart.setOption(option);
</script>
```

步骤2 运行代码，使用浏览器打开网页文件，在页面中显示"春季各兴趣小组参与人数占比饼图"，效果如图 5-22 所示。

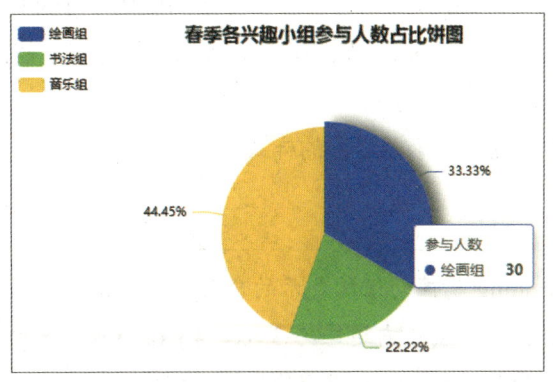

图 5-22 "春季各兴趣小组参与人数占比饼图"效果

【结果分析】 从图 5-22 可以看出，春季音乐组的参与人数最多，占总参与人数的 44.45%。

小试牛刀

请同学们在"pie"文件夹中新建"pie_doughnut.html"文件，并在该文件中编写代码，绘制"春季各兴趣小组参与人数占比环形图"。

5.5.4 雷达图

使用 ECharts 绘制雷达图时，不仅需要将数据系列组件中 type 属性的值设置为 radar，还需要设置雷达图坐标系（radar）组件。设置雷达图坐标系组件的示例代码如下。

```
radar: {
    radius: '20%',                          //设置雷达图的外半径
    indicator: [                            //雷达图的指示器
        { name:'春季', max: 60, min: 10},   //雷达图中的第1个变量
        { name:'夏季', max: 60 }            //雷达图中的第2个变量
    ],
    axisName: {                             //设置指示器名称的样式
        show: true,                         //是否显示指示器名称
        color: '#828282',                   //字体颜色
        fontWeight: 'normal',               //字体粗细
        fontSize: 12,                       //字体大小
        backgroundColor: '#123234',         //文字块的背景颜色
        padding: [3, 5]                     //文字块的内边距
    }
}
```

其中，属性的详细解释如下。

- **indicator**：雷达图的指示器，用于设置雷达图中的多个变量。其中，name 属性用于设置指示器的名称；max 属性用于设置指示器的最大值；min 属性用于设置指示器的最小值。
- **axisName**：用于设置指示器名称的样式。

知识库

使用例子介绍 padding 属性的值所表示的含义。例如，"padding: [3, 4, 5, 6]"表示设置文字块的上、右、下、左的内边距为 3 px、4 px、5 px、6 px；"padding: 4"等价于"padding: [4, 4, 4, 4]"；"padding: [3, 5]"等价于"padding: [3, 5, 3, 5]"。

【例 5-4】 绘制雷达图，展示各季节各兴趣小组的参与人数。

步骤1 在"BOOKCODE"文件夹中新建"radar"文件夹，然后在"radar"文件夹中新建"radar.html"文件，并在该文件中编写代码。参考代码如下。

```
<div id="main" style="width: 600px; height: 600px"></div>
<script>
    var myChart = echarts.init(document.getElementById('main'));
    var option = {
        title: { text: '各季节各兴趣小组参与人数雷达图' },
        tooltip: {},
        legend: {
            left: 'right',                    //设置图例在容器的右侧显示
            data: ['绘画组', '书法组', '音乐组']
        },
        //雷达图坐标系组件
        radar: {
            //雷达图的指示器，设置雷达图中的多个变量
            indicator: [
                {name:'春季',max:60},    //雷达图中的第1个变量
                {name:'夏季',max:60},    //雷达图中的第2个变量
                {name:'秋季',max:55},    //雷达图中的第3个变量
                {name:'冬季',max:40}     //雷达图中的第4个变量
            ],
            axisName: {                  //设置指示器名称的样式
                color: '#FFFFFF',        //字体颜色
                backgroundColor:'#4F4F4F',//文字块的背景颜色
                padding: [3, 5]          //文字块的内边距
            }
        },
        series: [
            {
                name: '人数',
                type: 'radar',           //设置图表类型为雷达图
                data: [
                    {
                        value: [30, 40, 35, 25],
                        name: '绘画组'
                    },
                    {
                        value: [20, 25, 30, 15],
```

```
                name: '书法组'
            },
            {
                value: [40, 35, 45, 30],
                name: '音乐组'
            }
            ]
        }
        ]
    };
    myChart.setOption(option);
</script>
```

步骤2 运行代码，使用浏览器打开网页文件，在页面中显示"各季节各兴趣小组参与人数雷达图"，效果如图 5-23 所示。

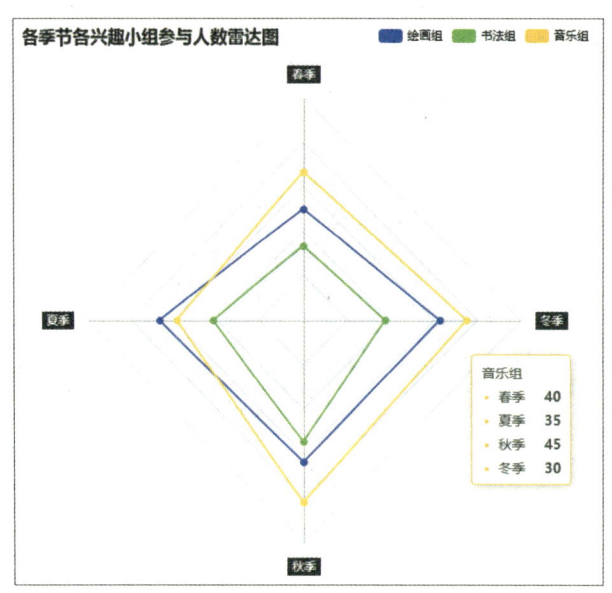

图 5-23 "各季节各兴趣小组参与人数雷达图"效果

【结果分析】 从图 5-23 可以看出，各季节书法组的参与人数均最少；春季、秋季和冬季音乐组的参与人数均最多；夏季绘画组的参与人数最多。

5.5.5 散点图与气泡图

使用 ECharts 绘制散点图与气泡图时，需要将数据系列组件中 type 属性的值设置为 scatter。在散点图的基础上设置视觉映射（visualMap）组件，将数据映射到视觉通道（如标记的大小、颜色、透明度等），即可绘制气泡图。设置视觉映射组件的示例代码如下。

```
visualMap: {
    type: 'continuous',              //设置映射类型
    min: 15,                         //设置视觉映射组件允许的最小数据值
    max: 35,                         //设置视觉映射组件允许的最大数据值
    text: ['高', '低'],              //设置视觉映射组件上、下两端的文本
    calculable: true,                //设置是否显示手柄
    dimension: 2,                    //设置映射到视觉通道上的数据维度
    inRange: {                       //设置在选中范围内的视觉通道
        color: ['#00FF00', '#FF0000']
    },
    outOfRange: {                    //设置在选中范围外的视觉通道
        color: '#CCCCCC'
    }
}
```

其中，属性的详细解释如下。

- type：用于设置映射类型。该属性的值为 continuous（默认值）或 piecewise。其中，continuous（连续型映射）适用于数据连续变化的情况，常用于数值数据；piecewise（分段型映射）适用于数据按区间分类的情况。
- min：用于设置视觉映射组件允许的最小数据值，默认值为 0。
- max：用于设置视觉映射组件允许的最大数据值，默认值为 100。[min, max] 表示视觉映射的数据范围。
- text：用于设置视觉映射组件上、下两端的文本。
- calculable：用于设置是否显示手柄。拖动手柄能够调整视觉映射组件的数据范围。
- dimension：用于设置映射到视觉通道上的数据维度，不设置该属性时，默认取数据的最后一个维度。其中，数据指的是数据系列中设置的数据，数据的维度从 0 开始，第 1 列数据的维度为 0，第 2 列数据的维度为 1，以此类推。
- inRange：用于设置在选中范围内的视觉通道，可选的视觉通道有 symbol（标记的类别）、symbolSize（标记的大小）、color（标记的颜色）、colorAlpha（标记颜色的透明度）、opacity（标记及其附属物的透明度）、colorLightness（颜色的明度）、colorSaturation（颜色的饱和度）、colorHue（颜色的色调）等。
- outOfRange：用于设置在选中范围外的视觉通道。

高手点拨

在 inRange 属性和 outOfRange 属性中可以同时设置多个视觉通道。例如，在 inRange 属性中同时设置标记的大小和颜色，示例代码如下。

```
      inRange: {
        symbolSize: [30, 100],
        color: ['#00FF00', '#FF0000']
      }
```

【例 5-5】 某小组成员的体质指数如表 5-5 所示。绘制气泡图，展示体重、身高与体质指数的相关性。

表 5-5 某小组成员的体质指数

成员编号	01	02	03	04	05	06	07	08	09
体重（kg）	60	62	67	57.5	72.3	77.5	59.5	85.6	57.6
身高（cm）	183	168	177	173	178	179	170	185	160
体质指数	17.92	21.97	21.39	19.21	22.82	24.19	20.59	25.01	22.50

步骤1 在"BOOKCODE"文件夹中新建"scatter"文件夹，然后在"scatter"文件夹中新建"scatter.html"文件，并在该文件中编写代码。参考代码如下。

```
<div id="main" style="width: 600px; height: 400px;"></div>
<script>
    var myChart = echarts.init(document.getElementById('main'));
    var option = {
        title: {
            text: '体重、身高与体质指数相关性气泡图',
            left: '20%'              //设置标题在容器宽度的20%处显示
        },
        tooltip: { trigger: 'axis' },
        xAxis: {
            name: '体重（kg）',
            nameLocation: 'center',
            nameGap: 25
        },
        yAxis: {
            name: '身高（cm）',
            min: 150                 //设置Y轴的最小值为150
        },
        visualMap: {                 //视觉映射组件
            type: 'continuous',      //设置映射类型为连续型
            min: 5,                  //设置视觉映射组件允许的最小数据值为5
            max: 40,                 //设置视觉映射组件允许的最大数据值为40
            //设置视觉映射组件上、下两端的文本分别为高和低
            text: ['高', '低'],
```

```
            calculable: true,         //显示手柄
            left: 'right',            //设置视觉映射组件在容器的右侧显示
            top: 'center',            //设置视觉映射组件垂直居中显示
            //设置映射到视觉通道上的数据维度为2,即使用体质指数的值控制气泡大小
            dimension: 2,
            inRange: {                //设置在选中范围内的视觉通道
                //设置体质指数在[5, 40]的气泡大小
                symbolSize: [5, 40]
            }
        },
        series: [
            {
                name: '体重和身高',
                type: 'scatter',      //设置图表类型为气泡图
                data: [
                    [60, 183, 17.92], [62, 168, 21.97],
                    [67, 177, 21.39], [57.5, 173, 19.21],
                    [72.3, 178, 22.82], [77.5, 179, 24.19],
                    [59.5, 170, 20.59], [85.6, 185, 25.01],
                    [57.6, 160, 22.50]
                ]
            }
        ]
    };
    myChart.setOption(option);
</script>
```

步骤2 运行代码,使用浏览器打开网页文件,在页面中显示"体重、身高与体质指数相关性气泡图",效果如图5-24所示。

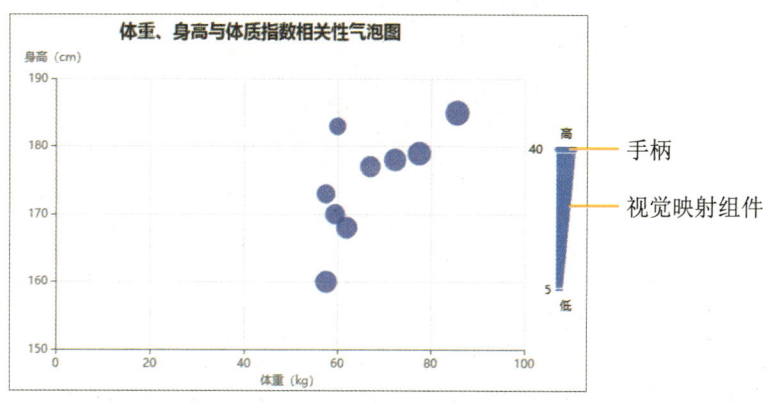

图5-24 "体重、身高与体质指数相关性气泡图"效果

【结果分析】 从图5-24可以看出,体重越轻、身高越高,对应的体质指数就越小。

5.5.6 仪表盘

仪表盘主要通过指针和刻度来直观地显示单个数据值在一个特定范围内的占比或具体数值。使用 ECharts 绘制仪表盘时，需要将数据系列组件中 type 属性的值设置为 gauge。

【例 5-6】绘制仪表盘，显示当前车速。

步骤1 在"BOOKCODE"文件夹中新建"gauge"文件夹，然后在"gauge"文件夹中新建"gauge.html"文件，并在该文件中编写代码。参考代码如下。

```
<div id="main" style="width: 600px; height: 400px;"></div>
<script>
    var myChart = echarts.init(document.getElementById('main'));
    var option = {
        tooltip: {
            /*设置提示框中显示的内容格式，{a}、{b}、{c}分别表示数据系列名称、数据项名称和数据值*/
            formatter: '{a}<br/>{b}:{c} km/h'
        },
        series: [
            {
                name: '车速',
                type: 'gauge',           //设置图表类型为仪表盘
                detail: {                //设置仪表盘上显示的内容格式
                    formatter: '{value} km/h'
                },
                data: [
                    {
                        name: '当前车速',
                        value: 70
                    }
                ],
                min: 0,                  //设置仪表盘数据的最小值为0
                max: 200,                //设置仪表盘数据的最大值为200
                axisLine: {              //设置坐标轴的轴线
                    show: true,          //显示轴线
                    lineStyle: {         //设置轴线的样式
                        /*设置轴线的颜色，0.2、0.6、1表示将轴线划分为3个部分，
分别为[0%,20]、(20%,60%]、(60%,100%]，并为这3部分设置不同的颜色*/
                        color: [[0.2, '#FF7F24'], [0.6, '#00CD66'], [1, '#FF3030']],
```

```
                width: 13             //设置轴线的宽度为13 px
            }
          }
        }
      ]
    };
    myChart.setOption(option);
</script>
```

步骤2 运行代码,使用浏览器打开网页文件,在页面中显示仪表盘,效果如图 5-25 所示。

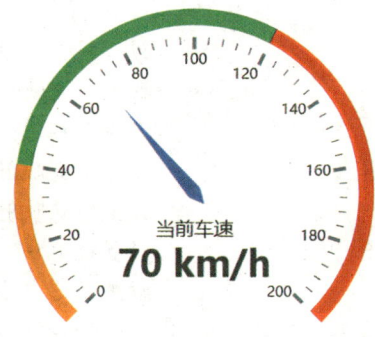

图 5-25 仪表盘效果

【结果分析】 从图 5-25 可以看出,当前车速为 70 km/h,指针处于仪表盘的绿色区域,表示当前车速适中。

5.5.7 热力图

使用 ECharts 绘制热力图时,不仅需要将数据系列组件中 type 属性的值设置为 heatmap,还需要设置视觉映射(visualMap)组件,控制数据值与颜色之间的映射关系。

【例 5-7】 绘制热力图,直观地展示某地区一周的气温变化。

步骤1 在"BOOKCODE"文件夹中新建"heatmap"文件夹,然后在"heatmap"文件夹中新建"heatmap.html"文件,并在该文件中编写代码。参考代码如下。

```
<div id="main" style="width: 800px; height: 600px;"></div>
<script>
    var myChart = echarts.init(document.getElementById('main'));
    var option = {
        title: {
            text: '某地区一周的气温变化热力图',
            left: 'center'
```

```
        },
        tooltip: {},
        xAxis: {
            type: 'category',          //设置X轴的类型为类目轴
            data: ['周一','周二','周三','周四','周五','周六','周日']
        },
        yAxis: {
            type: 'category',          //设置Y轴的类型为类目轴
            data: ['最高气温','最低气温']
        },
        //视觉映射组件
        visualMap: {
            min: -2,                   //设置视觉映射组件允许的最小数据值为-2
            max: 19,                   //设置视觉映射组件允许的最大数据值为19
            calculable: true,          //显示手柄
            orient: 'vertical',        //设置视觉映射组件的布局朝向为垂直方向
            top: 'center',             //设置视觉映射组件垂直居中显示
            left:'right',              //设置视觉映射组件在容器的右侧显示
            inRange: {                 //设置在选中范围内的视觉映射
                /*将气温在[-2,19]的数据映射到颜色数组上,通过颜色显示气温的
高低*/
                color: ['#7CFC00', '#FF7F24', '#FF3030']
            },
        },
        series: [
            {
                name: '气温',
                type: 'heatmap',       //设置图表类型为热力图
                data: [
                    [0, 0, 17], [0, 1, 5], [1, 0, 13], [1, 1, 11],
                    [2, 0, 19], [2, 1, 10], [3, 0, 17], [3, 1, 7],
                    [4, 0, 11], [4, 1, 1], [5, 0, 7], [5, 1, -2],
                    [6, 0, 11], [6, 1, -1]
                ],
                label: { show: true }, //显示文本标签
                emphasis: {            //设置高亮状态下的样式
                    itemStyle: {       //设置图形的样式
                        shadowBlur:10, //阴影的模糊大小为10 px
                        //阴影的颜色和透明度(0.5)
                        shadowColor: 'rgba(0, 0, 0, 0.5)'
```

```
                }
            }
        }
    ]
};
myChart.setOption(option);
</script>
```

步骤2 运行代码，使用浏览器打开网页文件，在页面中显示"某地区一周的气温变化热力图"，效果如图 5-26 所示。

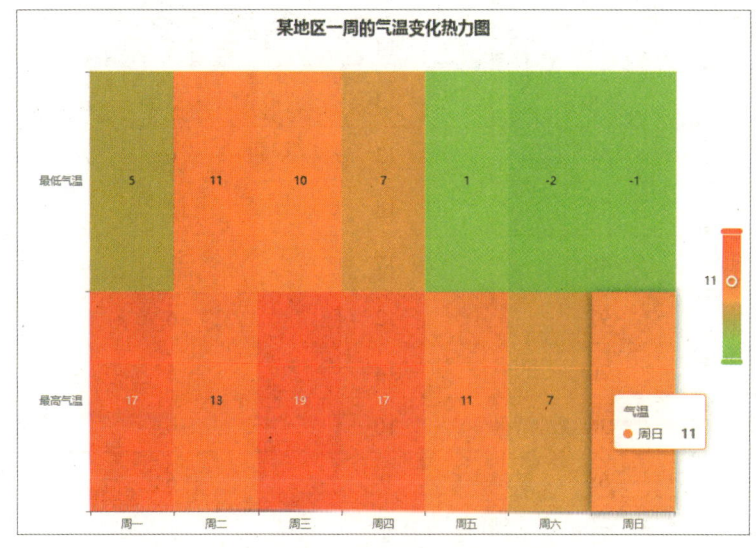

图 5-26 "某地区一周的气温变化热力图"效果

【结果分析】 从图 5-26 可以看出，周一、周三和周四的最高气温较高；周六和周日的最低气温较低；周二的温差较小，周五和周日的温差较大。

项目实施——使用 ECharts 实现某地区环境监测数据可视化

某地区 2024 年的环境监测数据（部分）如表 5-6 所示。其中，空气质量指数越高，表示空气质量越差；幸福感指数越高，表示居民越幸福。从不同角度分析该地区的环境监测数据，有助于居民了解该地区的环境质量和气温变化，从而帮助居民做出更加合理的日常安排。

使用 ECharts 实现某地区环境监测数据可视化

表 5-6　某地区 2024 年的环境监测数据（部分）

日　期	空气质量指数	日平均气温（℃）	日照时长（h）	幸福感指数（范围为 1~100）
11-01	159	18	6	59
11-02	112	14	5	63
11-03	39	17	8	94
11-04	66	13	5	70
11-05	45	14	8	89
11-06	44	14	6	90
11-07	100	13	5	67
11-08	59	13	6	85
11-09	31	16	5	81
11-10	40	17	7	89
11-11	97	12	6	68
11-12	20	14	5	80
11-13	36	10	6	85
11-14	68	9	6	72
11-15	73	8	6	69

1. 某地区 2024 年 10 月至 12 月日平均气温数据可视化

使用折线图展示某地区 2024 年 10 月至 12 月的日平均气温，直观地呈现该地区 2024 年 10 月至 12 月日平均气温的变化趋势。

步骤1 在 "BOOKCODE" 文件夹中新建 "ProjectImplementation" 文件夹，然后在 "ProjectImplementation" 文件夹中新建 "line.html" 文件，并在该文件中编写代码。参考代码如下。

```
<div id="main" style="width: 1000px; height: 600px;"></div>
<script>
    var chart = echarts.init(document.getElementById('main'));
    //10月、11月和12月的日平均气温数据
    var octoberData = [19, 19, 20, 21, 23, 20, 19, 17, 18, 19,
19, 20, 19, 18, 17, 16, 15, 14, 13, 12, 14, 14, 12, 13, 14, 15,
13, 14, 16, 16, 14];
```

```
    var novemberData = [18, 14, 17, 13, 14, 14, 13, 13, 16, 17,
12, 14, 10, 9, 8, 9, 8, 5, 6, 6, 7, 9, 10, 9, 5, 4, 4, 1, 3, 4];
    var decemberData = [-2, 0, 3, 4, 5, 5, 4, 5, 2, -1, -3, -6,
-7, -5, -3, -2, -3, 0, 1, -3, -1, -2, -2, -1, 0, 1, -2, -3, 2,
-5, -6];
    //日期数据，假设每月有31天
    var dates = Array.from({ length: 31 }, (_, i) => i + 1);
    //设置图表的配置项
    var option = {
        title: {
            //设置图表的主标题名称
            text: '某地区2024年10月至12月日平均气温变化折线图',
            left: 'center'              //设置标题水平居中显示
        },
        tooltip: {trigger: 'axis'},     //设置提示框的触发类型为坐标轴触发
        legend: {
            data:['10月','11月','12月'], //设置图例数据
            left: '70%'                 //设置图例在容器宽度的70%处显示
        },
        xAxis: {
            type: 'category',           //设置X轴的类型为类目轴
            data: dates                 //设置X轴的刻度标签文本为日期
        },
        yAxis: {
            type: 'value',              //设置Y轴的类型为数值轴
            name: '日平均气温（℃）'      //设置Y轴的名称
        },
        series: [
            {
                name: '10月',           //设置数据系列的名称
                type: 'line',           //设置图表的类型为折线图
                data: octoberData       //设置数据为10月的日平均气温
            },
            {
                name: '11月',
                type: 'line',
                data: novemberData
            },
            {
```

```
                name: '12月',
                type: 'line',
                data: decemberData
            }
        ]
    };
    //显示图表
    chart.setOption(option);
</script>
```

步骤2 运行代码,使用浏览器打开网页文件,在页面中显示"某地区2024年10月至12月日平均气温变化折线图",效果如图5-27所示。

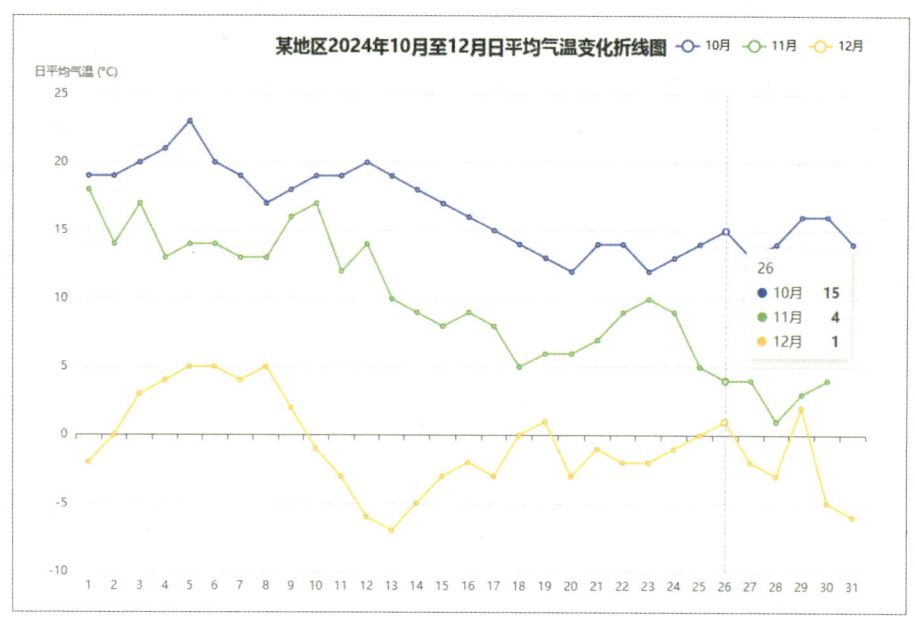

图5-27 "某地区2024年10月至12月日平均气温变化折线图"效果

【结果分析】 从图5-27可以看出,10月和11月的日平均气温均高于12月;11月的日平均气温整体呈现下降趋势。

素养之窗

每年的6月5日是世界环境日,它反映了世界各国人民对环境问题的认识和态度,表达了人们对美好环境的向往和追求。2024年,世界环境日中国主题是"全面推进美丽中国建设",旨在深入学习宣传贯彻生态文明思想,引导全社会牢固树立和践行绿水青山就是金山银山的理念,动员社会各界积极投身建设美丽中国、实现人与自然和谐共生的现代化的伟大实践。

> 《中华人民共和国国民经济和社会发展第十四个五年规划和2035年远景目标纲要》专门用一个篇章阐释推动绿色发展，促进人与自然和谐共生，强调坚持绿水青山就是金山银山理念，坚持尊重自然、顺应自然、保护自然，坚持节约优先、保护优先、自然恢复为主，实施可持续发展战略，完善生态文明领域统筹协调机制，构建生态文明体系，推动经济社会发展全面绿色转型，建设美丽中国。

2. 某地区2024年每月15日日平均气温数据可视化

使用条形图展示某地区2024年每月15日的日平均气温，直观地呈现它们之间的差异。

步骤1 在"ProjectImplementation"文件夹中新建"bar.html"文件，并在该文件中编写代码。参考代码如下。

```html
<div id="main" style="width: 1000px; height: 600px;"></div>
<script>
    var myChart = echarts.init(document.getElementById('main'));
    //定义数据
    var dates = ['1-15', '2-15', '3-15', '4-15', '5-15', '6-15', '7-15', '8-15', '9-15', '10-15', '11-15', '12-15'];
    var tempData = [3, 6, 13, 18, 26, 31, 36, 32, 28, 17, 8, 1];
    var option = {
        title: {
            text: '某地区2024年每月15日日平均气温簇状条形图',
            left: 'center'
        },
        tooltip: {
            trigger: 'axis',
            axisPointer: {              //设置坐标轴的指示器
                type: 'shadow'          //指示器类型为阴影指示器
            }
        },
        xAxis: {
            type: 'value',
            name: '日平均气温（℃）',
            nameLocation: 'center',     //设置X轴名称水平居中显示
            nameGap: 30                 //设置X轴名称与轴线之间的距离为30 px
        },
        yAxis: {
```

```
            type: 'category',
            name: '日期',
            data: dates,
            axisLabel: { interval: 0 }    //显示坐标轴的所有刻度标签
        },
        series: [
            {
                name: '日平均气温',
                type: 'bar',              //设置图表类型为条形图
                label: {                  //设置文本标签
                    show: true,           //显示文本标签
                    distance: 10,         //文本标签与条形的距离为10 px
                    color: '#40E0D0',     //文本标签的颜色
                    position: 'right'     //文本标签在条形的右侧显示
                },
                data: tempData,
                itemStyle: { color: '#20B2AA' }  //设置条形的颜色
            }
        ],
        toolbox: {                        //工具栏组件
            show: true,                   //显示工具栏
            left: '70%',                  //工具栏在容器宽度的70%处显示
            feature: {                    //设置各工具配置项
                //导出图片工具
                saveAsImage: { show: true },
                //数据视图工具
                dataView: { readOnly: false },
                //动态类型切换工具,可切换为折线图
                magicType: { type: ['line'] },
                //数据区域缩放工具
                dataZoom: { show: true },
                //重置工具
                restore: { show: true }
            }
        }
    };
    myChart.setOption(option);
</script>
```

步骤2 运行代码,使用浏览器打开网页文件,在页面中显示"某地区2024年每月15日日平均气温簇状条形图",效果如图5-28所示。

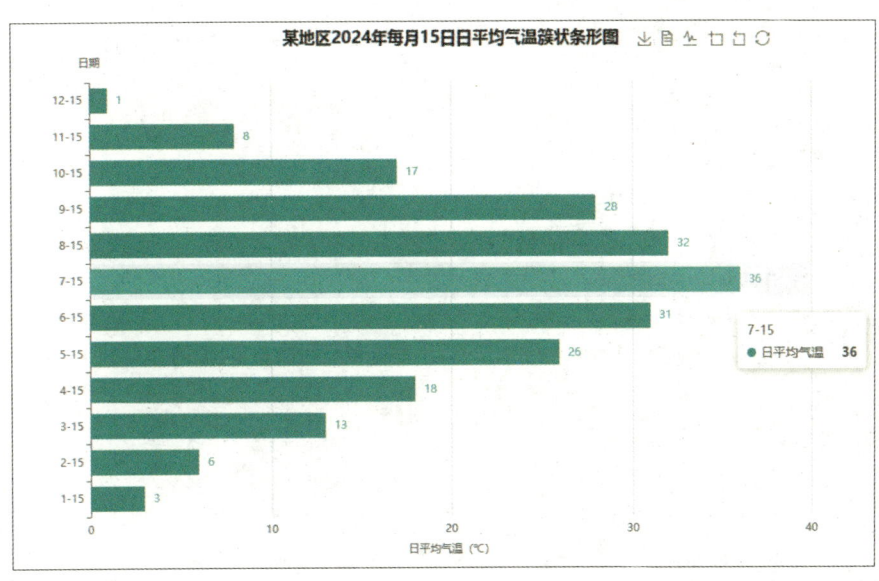

图 5-28 "某地区 2024 年每月 15 日日平均气温簇状条形图"效果

【结果分析】 从图 5-28 可以看出，12 月 15 日的日平均气温最低；7 月 15 日的日平均气温最高；该地区四季的气温变化较为明显。

3. 某地区 2024 年 11 月上半月空气质量指数、日照时长与幸福感指数相关性可视化

使用气泡图展示某地区 2024 年 11 月上半月空气质量指数、日照时长与幸福感指数，分析它们之间的相关性。

步骤1 在"ProjectImplementation"文件夹中新建"scatter.html"文件，并在该文件中编写代码。参考代码如下。

```
<div id="main" style="width: 800px; height: 600px;"></div>
<script>
    var myChart = echarts.init(document.getElementById('main'));
    var option = {
        title: {
            text: '某地区2024年11月上半月空气质量指数、日照时长与幸福感指数的相关性气泡图',
            left: 'center'
        },
        tooltip: {
            trigger: 'item',          //设置提示框的触发类型为数据项图形触发
            formatter: function (params) {
                //自定义提示框的内容格式，显示每个气泡的详细信息
                return `空气质量指数: ${params.value[0]}<br>日照时长:
```

```
            ${params.value[1]} 小时<br>幸福感指数: ${params.value[2]}`;
                }
        },
        xAxis: {
            type: 'value',
            name: '空气质量指数',
            nameLocation: 'center',
            nameGap: 40,
            min: 10                      //设置X轴的最小值为10
        },
        yAxis: {
            type: 'value',
            name: '日照时长 (h)',
            min: 4,
            max: 10
        },
        //视觉映射组件
        visualMap: {
            show: true,                  //显示视觉映射组件
            min: 50,                     //设置视觉映射组件允许的最小数据值为50
            max: 100,                    //设置视觉映射组件允许的最大数据值为100
            //设置幸福感指数在[10，100]的气泡大小
            inRange: { symbolSize: [10, 100] },
            //设置映射到视觉通道上的数据维度为2，即使用幸福感指数的值控制气泡大小
            dimension: 2,
            calculable: true,            //显示手柄
            //设置视觉映射组件上、下两端的文本分别为高和低
            text: ['高', '低'],
            left: '90%',                 //设置视觉映射组件在容器宽度的90%处显示
            top: 'center'                //设置视觉映射组件垂直居中显示
        },
        series: [
            {
                type: 'scatter',         //设置图表类型为气泡图
                //每个数组元素为[空气质量指数，日照时长，幸福感指数]
                data: [
                    [159, 6, 59], [112, 5, 63], [39, 8, 94],
                    [66, 5, 70], [45, 8, 89], [44, 6, 90],
                    [100, 5, 67], [59, 6, 85], [31, 5, 81],
                    [40, 7, 89], [97, 6, 68], [20, 5, 80],
```

```
                [36, 6, 85], [68, 6, 72], [73, 6, 69]
            ],
            itemStyle: { color: '#FF6EB4' }      //设置气泡的颜色
        }
        ]
    };
    myChart.setOption(option);
</script>
```

步骤2 运行代码，使用浏览器打开网页文件，在页面中显示"某地区2024年11月上半月空气质量指数、日照时长与幸福感指数的相关性气泡图"，效果如图5-29所示。

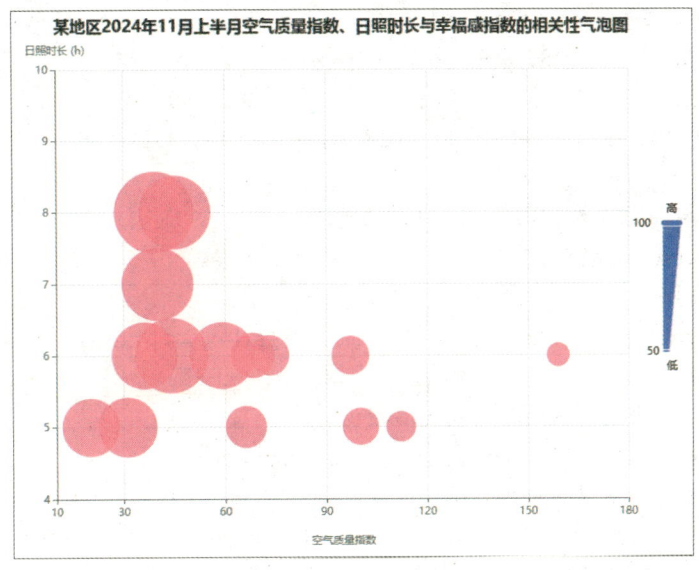

图5-29 "某地区2024年11月上半月空气质量指数、日照时长与幸福感指数的相关性气泡图"效果

【结果分析】 从图5-29可以看出，空气质量指数越低且日照时长越长，气泡越大，即幸福感指数越大，说明居民感到越幸福。

4. 某地区2024年上半年日平均气温数据可视化

使用热力图直观地展示某地区2024年上半年的日平均气温数据，以便居民了解上半年气温的整体变化趋势和每月气温的分布特征。

步骤1 在"ProjectImplementation"文件夹中新建"heatmap.html"文件，并在该文件中编写代码。参考代码如下。

```
<div id="main" style="width: 1000px; height: 400px;"></div>
<script>
    var myChart = echarts.init(document.getElementById('main'));
    //2024年上半年日平均气温数据
```

```
        const temperatures = [
            //1月份的日平均气温
            [-5, -4, -3, -2, -1, 0, -6, -5, -4, -2, -3, -1, 0, 1, 3,
2, -1, 1, -2, -3, -1, -1, -2, 0, 1, -1, -1, 2, 1, 0, -1, -2],
            //2月份的日平均气温
            [-4, -7, -3, -2, 1, -1, -1, 0, 1, 3, 2, 4, 6, 5, 6, 6, 7,
3, 0, -1, -2, -3, -3, -2, -1, 0, 1, 2, 3],
            [4, 5, 6, 7, 8, 9, 10, 11, 12, 13, 13, 12, 11, 10, 13,
14, 14, 16, 15, 17, 20, 17, 16, 14, 15, 16, 18, 20, 19, 18, 20],
            [11, 14, 15, 13, 14, 14, 13, 14, 15, 16, 16, 15, 14, 13,
18, 19, 17, 16, 18, 19, 20, 19, 16, 18, 15, 14, 10, 10, 12, 15],
            [24, 23, 23, 25, 24, 26, 24, 27, 28, 27, 26, 28, 24, 26,
26, 25, 27, 28, 29, 28, 29, 28, 27, 29, 23, 25, 28, 29, 27, 28, 29],
            [28, 29, 29, 30, 28, 27, 28, 30, 30, 26, 24, 28, 29, 30,
31, 30, 32, 33, 31, 30, 32, 34, 33, 32, 34, 32, 30, 31, 33, 30],
        ];
    //每个数组元素为[日，月，日平均气温]
    var data = [];
    //遍历月份
    for (var monthIndex = 0; monthIndex < temperatures.length;
monthIndex++) {
        //获取当前月份的日平均气温数据
        var month = temperatures[monthIndex];
        //遍历当前月份中的日平均气温数据
        for (var dayIndex = 0; dayIndex < month.length; dayIndex++) {
            //获取当前日期的日平均气温数据
            var temperature = month[dayIndex];
            //将数据按照[日，月，日平均气温]的格式存入data数组
            data.push([dayIndex, monthIndex, temperature]);
        }
    }
    var option = {
        title: {
            text: '某地区2024年上半年日平均气温热力图',
            left: 'center'
        },
        tooltip: { position: 'top' },
        grid: {                              //网格组件
            //设置网格组件与容器左侧的距离为容器宽度的10%
            left: '10%',
```

```
            right: '10%',
            bottom: '10%',
            top: '10%',
            containLabel: true          //设置网格区域包含坐标轴的刻度标签
        },
        xAxis: {
            type: 'category',
            name: '日',
            data: [1, 2, 3, 4, 5, 6, 7, 8, 9, 10, 11, 12, 13, 14, 15, 16, 17, 18, 19, 20, 21, 22, 23, 24, 25, 26, 27, 28, 29, 30, 31]
        },
        yAxis: {
            type: 'category',
            name: '月份',
            data: ['1月', '2月', '3月', '4月', '5月', '6月']
        },
        visualMap: {
            min: -10,
            max: 40,
            calculable: true,
            top: 'center',
            left: 'left',
            inRange: {
                //将日平均气温映射到颜色数组上，通过颜色显示气温的高低
                color: ['#0066FF', '#00D500', '#FFFB00', '#FF6F00', '#3B0A45']
            }
        },
        series: [
            {
                name: '日平均气温',
                type: 'heatmap',            //设置图表类型为热力图
                data: data,
                label: {
                    show: true,
                    fontSize: 8             //文本标签的字体大小为8 px
                },
                emphasis: {                 //设置高亮状态下的样式
                    itemStyle: {            //设置图形的样式
                        borderWidth: 2,     //边框宽度为2 px
```

```
                    borderColor: '#FFFFFF'        //边框颜色
                }
            }
        }
    ]
};
myChart.setOption(option);
</script>
```

步骤2 运行代码，使用浏览器打开网页文件，在页面中显示"某地区2024年上半年日平均气温热力图"，效果如图5-30所示。

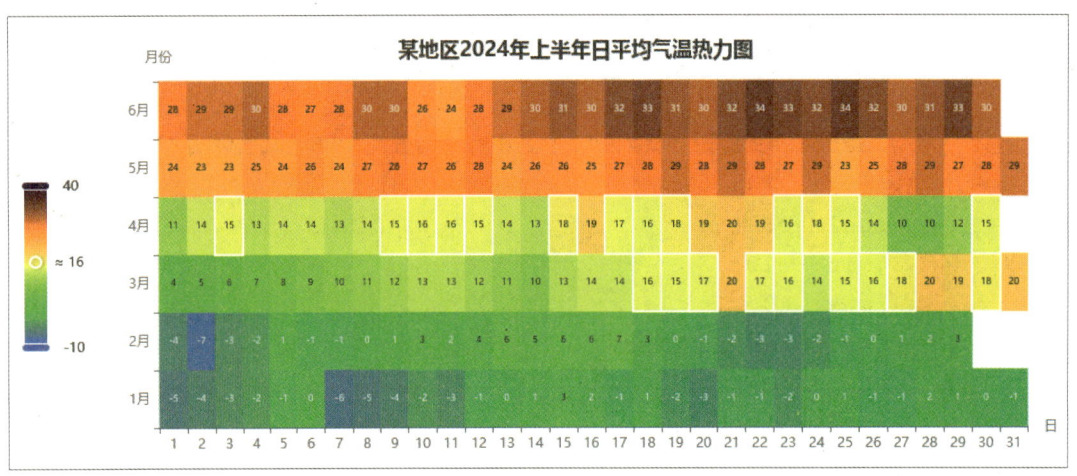

图5-30 "某地区2024年上半年日平均气温热力图"效果

【结果分析】 从图5-30可以看出，1月至6月的日平均气温呈逐渐上升状态；1月份和2月份的日平均气温整体较低，6月份的日平均气温整体较高。

项目实训

1. 实训目的

练习使用ECharts绘制各种图表的方法，实现数据可视化。

2. 实训内容

某小组成员的考试成绩如表5-7所示。

表 5-7　某小组成员的考试成绩

姓　名	数　学	语　文	英　语	科　学	历　史	成绩等级
张某伟	85	90	78	88	80	B
李某娜	92	85	80	90	85	B
王某磊	70	80	75	82	78	C
赵某敏	90	93	94	91	90	A
孙某鹏	78	73	72	79	77	C
周某静	85	87	88	91	90	B
郑某婷	78	89	81	86	82	B
钱某林	95	91	90	90	90	A
吴某海	80	75	77	77	75	C
蒋某丽	88	82	90	87	81	B

使用 ECharts 对表 5-7 中的数据进行可视化。

（1）绘制堆积柱形图，展示每位学生的总成绩和单科成绩。

（2）绘制雷达图，展示张某伟和李某娜在各科目上的表现。

（3）绘制仪表盘，展示王某磊数学成绩的成绩等级。仪表盘按照成绩等级分为 4 个部分，成绩等级分别为 A（90≤成绩≤100）、B（80≤成绩＜90）、C（60≤成绩＜80）、D（成绩＜60）。

项目考核

1. 选择题

（1）ECharts 的特点不包括（　　）。

　　A．图表交互性强　　　　　　　B．自定义程度高

　　C．数据处理能力强　　　　　　D．跨平台不兼容

（2）在 ECharts 中，折线图对应的英文名称是（　　）。

　　A．bar　　　　　　　　　　　B．pie

　　C．line　　　　　　　　　　　D．heatmap

（3）在 ECharts 中，使用全局对象 echarts 中的（　　）方法可以初始化 ECharts 实例。

A．init() B．getElementById()

C．setOption() D．option()

（4）在 ECharts 图表中设置（　　）组件后，用户将鼠标指针悬停在图表的数据项或数据点上时可以显示该数据项或数据点的详细信息。

A．工具栏 B．提示框

C．坐标轴 D．图例

（5）在 ECharts 图表的图例组件中，（　　）属性用于设置图例的类型。

A．type B．data

C．orient D．left

（6）在 ECharts 图表的工具栏组件中，内置的工具不包括（　　）。

A．导出图片工具 B．数据视图工具

C．数据区域删除工具 D．动态类型切换工具

2．判断题

（1）配置项是 ECharts 图表的核心，它决定了图表的各种组件。　　　　（　　）

（2）在 ECharts 图表的标题组件中，subtext 属性用于设置图表的主标题名称。

（　　）

（3）在 ECharts 图表的坐标轴组件中，nameLocation 属性用于设置坐标轴名称的显示位置。（　　）

（4）每个图表只能包含一个数据系列，且数据系列包含在大括号里。（　　）

（5）在折线图的数据系列组件中添加 areaStyle 属性，即可绘制面积图。（　　）

（6）在簇状柱形图的数据系列组件中添加 stack 属性和 stackStrategy 属性，即可绘制堆积柱形图。（　　）

项目评价

请学生结合本项目的学习情况，对学习成果进行自评和互评（组内成员相互评分），请指导教师进行师评和总评，并将评价结果填入表 5-8 中。

表 5-8　学习成果评价表

评价项目	评价内容	评价分数			
		分值	自评	互评	师评
项目完成度（20%）	项目准备阶段，回答问题清晰准确，紧扣主题，没有明显错误	5 分			
	项目实施阶段，根据操作步骤完成本项目	5 分			
	项目实训阶段，出色地完成实训内容	5 分			
	项目考核阶段，完成考核题目	5 分			
知识（35%）	ECharts 的特点，以及 ECharts 中常用的图表	10 分			
	ECharts 数据可视化的基本流程	10 分			
	ECharts 图表中的不同组件，包括标题、提示框、图例、网格、坐标轴、数据系列、工具栏等	15 分			
技能（35%）	搭建 ECharts 数据可视化开发环境	5 分			
	选择合适的图表展示不同的数据	5 分			
	使用 ECharts 绘制不同的图表，实现数据可视化	25 分			
素养（10%）	培养严谨细致、精益求精的工匠精神	5 分			
	提高运用所学知识和技能解决实际问题的能力	5 分			
合计		100 分			
总评	综合得分：_____ 综合等级：_____	指导教师签字：_____			

注：综合得分可按照"自评（25%）+ 互评（25%）+ 师评（50%）"进行计算；综合等级可以"优"（综合得分≥ 90 分）、"良"（80 分≤综合得分＜ 90 分）、"中"（60 分≤综合得分＜ 80 分）、"差"（综合得分＜ 60 分）为标准进行评价。

项目 6

Python 数据可视化

项目导读

Python 是一种简单易学、跨平台、可扩展的高级编程语言，它广泛应用于网络爬虫、数据分析、数据可视化、人工智能等多个领域。Python 提供了多个可视化库，用户可以根据具体需求选择合适的可视化库来实现数据可视化。本项目先介绍 Python 数据可视化的相关知识，然后使用 Python 实现某点评网站美食店铺数据可视化。

项目目标

- 知识目标
  - 熟悉 Python 的特点和常用的 Python 可视化库。
  - 熟悉 Python 数据可视化的基本流程。
  - 熟悉 matplotlib 库中常用的绘制图表的函数。
- 技能目标
  - 能够搭建 Python 数据可视化开发环境。
  - 能够选择合适的图表展示不同的数据。
  - 能够使用 Python 绘制不同的图表，实现数据可视化。
- 素养目标
  - 培养逻辑思维能力，提高数据洞察能力。
  - 持续关注前沿技术，不断开阔视野，拓展知识面。

项目 6　Python 数据可视化

项目准备

全班学生以 3~5 人为一组进行分组，各组选出组长。组长组织组员扫码观看"常用的 Python 可视化库对比分析"视频，讨论并回答下列问题。

问题 1：常用的 Python 可视化库有哪些？它们的特点是什么？

问题 2：如果需要灵活控制图表的细节，通常选择哪个 Python 可视化库绘制图表？

常用的 Python 可视化库对比分析

6.1　Python 概述

6.1.1　Python 的特点

Python 具有简单易学、标准库和第三方库丰富、跨平台兼容性好、集成性强、数据处理能力强等特点，如表 6-1 所示。

表 6-1　Python 的特点

特　点	说　明
简单易学	Python 的语法简洁明了，代码可读性高，减少了开发人员的学习和理解成本
标准库和第三方库丰富	Python 拥有丰富的标准库，使用这些标准库能够实现文件操作、系统调用、网络通信、数据结构处理等众多功能；此外，Python 还支持导入大量的第三方库，使用这些第三方库能够实现数据读取、数据处理、科学计算、数据分析、数据可视化、Web 开发等众多功能
跨平台兼容性好	使用 Python 编写的代码可以在 Windows、macOS、Linux 等多种操作系统上运行
集成性强	Python 的模块化设计使得不同的库和框架可以轻松地集成在一起，从而形成一个完整的数据操作流程，包括数据读取、数据处理、数据分析和数据可视化等
数据处理能力强	Python 能够轻松处理大规模数据，并支持对数据进行实时更新

159

Python 拥有丰富的库，开发人员使用这些库能够实现不同的功能，极大地提高了开发效率。然而，这些库通常是由不同的团队或社区根据各自的需求独立开发的，它们的编程风格和 API 结构存在差异。因此，开发人员在使用不同的库时，需要学习和适应不同库的语法格式和编程风格。

6.1.2 Python 中常用的可视化库

在 Python 中，常用的可视化库包括 matplotlib、seaborn、pyecharts 和 plotly 等。

1. matplotlib 库

matplotlib 是 Python 中最基础的可视化库，用户使用它可以绘制各种类型的图表。此外，matplotlib 库支持用户对图表的各个元素（如图表标题、坐标轴、文本标签、网格线等）和图表的样式进行设置。

matplotlib 库主要用于绘制静态图表，如折线图、面积图、柱形图、条形图、饼图等，适用于需要对图表进行高度定制化的场景。

2. seaborn 库

seaborn 是基于 matplotlib 的高级可视化库，它提供了许多样式主题和调色板，帮助用户轻松地绘制出更加美观的图表。

seaborn 库主要用于绘制更加精美、有吸引力的统计图表，如直方图、回归图、箱形图、小提琴图等，适用于科研数据展示和报告演示等场景。

3. pyecharts 库

pyecharts 是一个封装了 ECharts 的 Python 可视化库，用户使用它可以绘制出 ECharts 图表。pyecharts 库提供了丰富的图表样式和高级功能（如动画效果、主题定制等），以满足不同应用场景的需求。

pyecharts 库主要用于绘制精美、交互式、个性化的图表，适用于实时监控数据和商业报表展示等场景。

4. plotly 库

plotly 是一个功能强大的 Python 可视化库，它提供了多种图表类型，并支持多种交互功能，包括缩放图表、平移图表、悬停提示、筛选数据等。使用 plotly 库绘制的图表可以在浏览器中显示。

plotly 库主要用于绘制高质量、交互式的图表，适用于需要在网页或应用程序中嵌入交互式图表的场景。

6.2 Python 数据可视化开发环境的搭建

6.2.1 安装 Python

步骤1 使用浏览器访问 Python 的官方下载页面（https://www.python.org/downloads/windows），在打开的下载页面中单击"Stable Releases"列表中"Python 3.12.7-Oct. 1, 2024"子列表中的"Windows installer(64-bit)"链接文字，如图 6-1 所示。

步骤2 双击下载的"python-3.12.7-amd64.exe"文件，在打开的"Python 3.12.7（64-bit）Setup"对话框中勾选"Use admin privileges when installing py.exe"和"Add python.exe to PATH"复选框，然后选择"Customize installation"选项，如图 6-2 所示。

图 6-1 下载 Python 安装文件

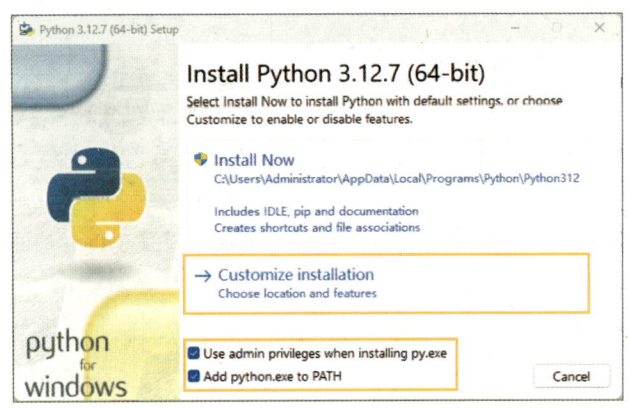

图 6-2 勾选复选框并选择"Customize installation"选项

> **小提示**
>
> 下载 Python 安装文件时，应根据操作系统的类型（32 位或 64 位操作系统）选择合适的版本进行下载。

步骤3 进入"Optional Features"界面，选择 Python 提供的工具包，一般保持默认的全部勾选，然后单击"Next"按钮，如图 6-3 所示。

步骤4 进入"Advanced Options"界面，在"Customize install location"编辑框中输入安装路径（如"D:\SoftWare_book\Python3.12.7"，也可单击"Browse"按钮选择安装路径），然后单击"Install"按钮，如图 6-4 所示。

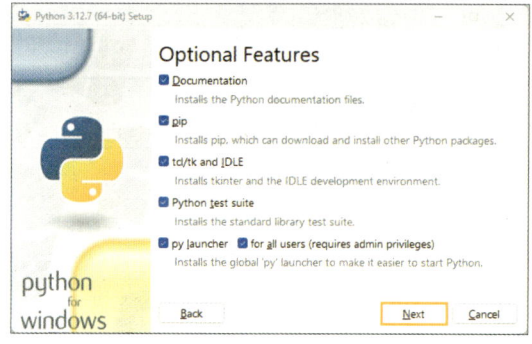
图 6-3 选择 Python 提供的工具包

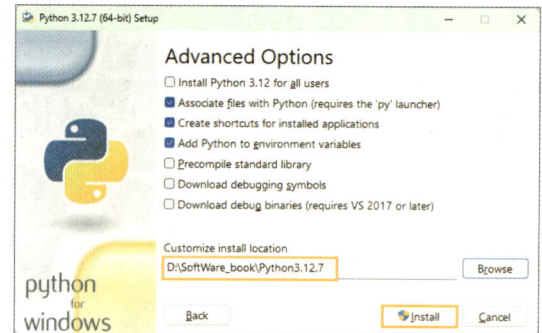
图 6-4 设置安装路径

步骤5 进入"Setup Progress"界面，开始安装并显示安装进度；安装成功后，进入"Setup was successful"界面，在该界面中单击"Close"按钮。

步骤6 按"Win+R"组合键打开"运行"对话框，在"打开"编辑框中输入"cmd"，单击"确定"按钮，然后在打开的命令提示符窗口中输入"python"并按"Enter"键，输出 Python 的版本信息，证明 Python 安装成功，如图 6-5 所示。

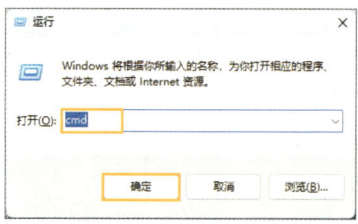
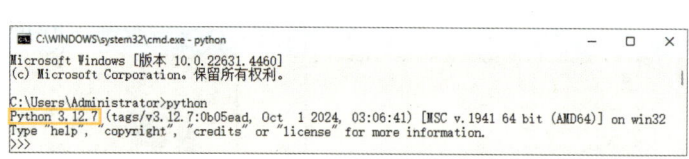

图 6-5 查看 Python 是否安装成功

6.2.2 安装和使用 PyCharm

步骤1 使用浏览器访问 PyCharm 的官方下载页面（https://www.jetbrains.com/pycharm/download），在打开的页面中单击"Other versions"链接文字，如图 6-6 所示。

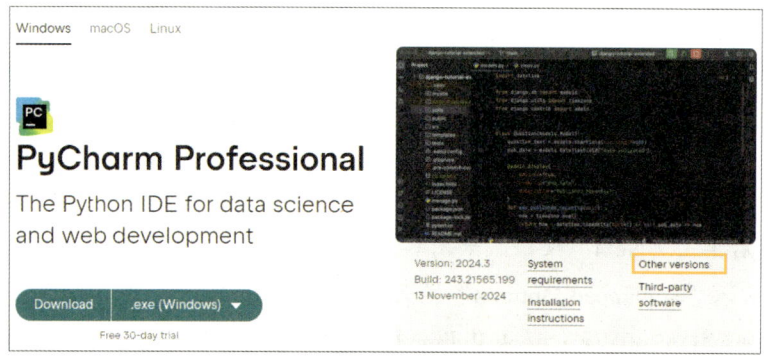

图 6-6 PyCharm 的官方下载页面

162

步骤2 在打开的历史下载页面中找到"Version 2024.2"版本,单击该版本右侧的下拉列表框,在展开的下拉列表中选择"2024.2.4"选项,在"PyCharm Community Edition"列表中单击"2024.2.4 - Windows (exe)"链接文字,下载 PyCharm 安装文件,如图 6-7 所示。

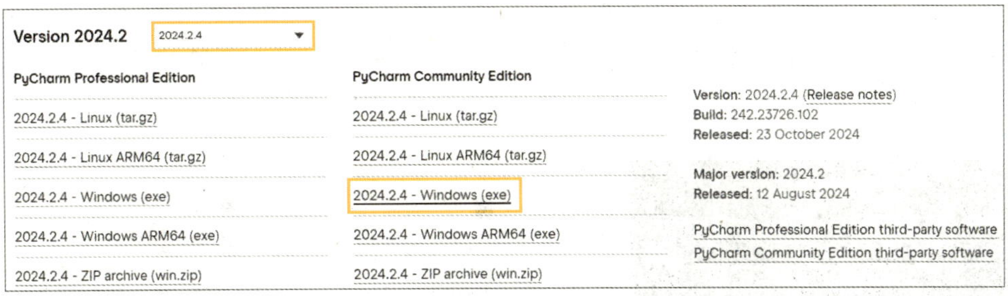

图 6-7 下载 PyCharm 安装文件

步骤3 双击下载的"pycharm-community-2024.2.4.exe"文件,打开"PyCharm Community Edition 安装"对话框,单击"下一步"按钮。

步骤4 进入"选择安装位置"界面,选择安装位置,此处为"D:\SoftWare_book\PyCharm",然后单击"下一步"按钮。

步骤5 进入"安装选项"界面,勾选所有复选框,然后单击"下一步"按钮,如图 6-8 所示。

步骤6 进入"选择开始菜单目录"界面,配置开始菜单文件夹,此处保持默认名称,单击"安装"按钮。此时,开始安装 PyCharm,并在"安装中"界面中显示安装进度。

步骤7 等待片刻,PyCharm 安装完成后,进入"PyCharm Community Edition 安装程序结束"界面,单击"完成"按钮,如图 6-9 所示。

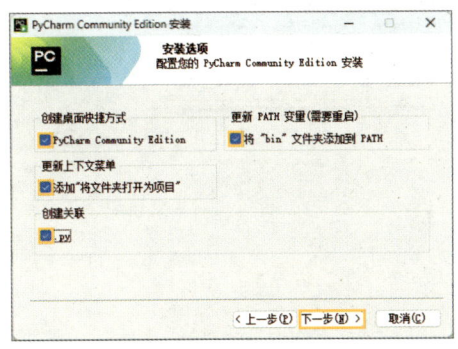

图 6-8 设置安装选项

图 6-9 完成安装

步骤8 设置语言和地区。双击桌面上的 PyCharm 图标,启动 PyCharm,在"语言和地区"界面分别选择"Chinese(Simplified)中文语言包"和"中国大陆"选项,单击

"下一个"按钮,如图 6-10 所示。

步骤9 设置 PyCharm 用户协议。进入"PyCharm 用户协议"界面,勾选"我确认我已阅读并接受此《用户协议》的条款"复选框,单击"继续"按钮。

步骤10 设置数据共享。进入"数据共享"界面,单击"不发送"按钮。

步骤11 设置主题颜色。进入欢迎界面,在该界面左侧选择"自定义"选项,然后在右侧的"外观"区域中单击"主题"下拉列表框,在展开的下拉列表中选择"Light"选项,如图 6-11 所示。

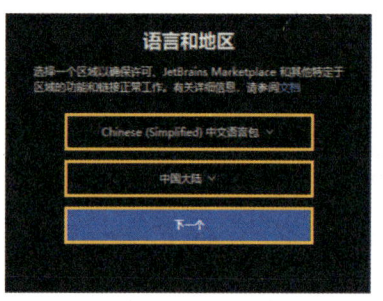

图 6-10 设置语言和地区

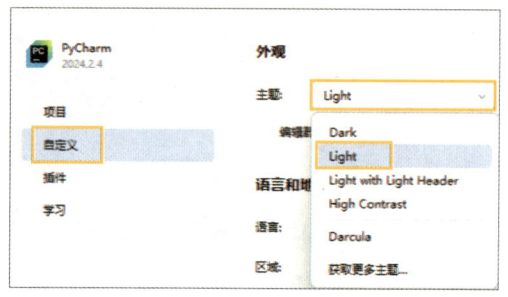

图 6-11 设置主题颜色

步骤12 在欢迎界面左侧选择"项目"选项,然后在右侧选择"新建项目"选项,如图 6-12 所示。

步骤13 打开"新建项目"对话框,在"名称"编辑框中输入项目名称(此处为"python 数据可视化"),在"位置"编辑框右侧单击"浏览"按钮□,选择项目的存储路径(此处为"D:\SoftWare_book\PyCharm\pythonCode"),"Python 版本"编辑框中会自动填充在系统中检测到的 Python,单击"创建"按钮,如图 6-13 所示。

图 6-12 选择"新建项目"选项

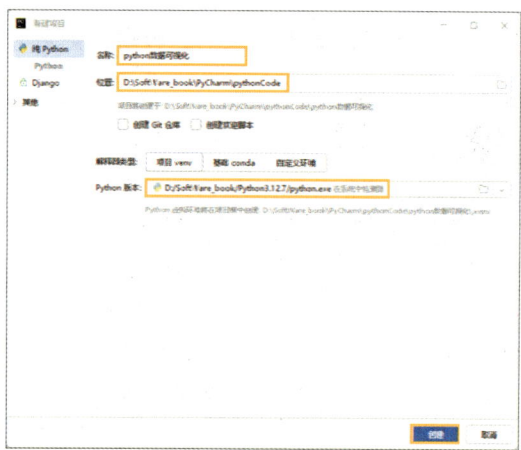

图 6-13 新建项目

> **小提示**
>
> 用户可以直接在 PyCharm 的"新建项目"对话框中单击"Python 版本"下拉按钮，在展开的下拉列表中下载其他的 Python 版本，如图 6-14 所示。该方法只能下载 PyCharm 提供的特定版本的 Python。

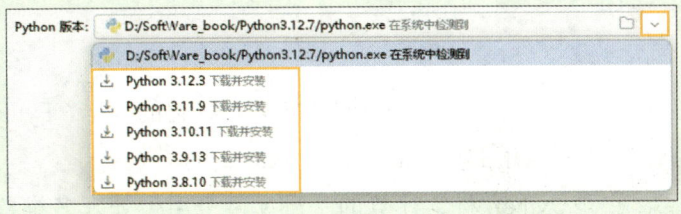

图 6-14 "Python 版本"下拉列表

6.3 Python 数据可视化的基本流程

Python 数据可视化的基本流程包括导入库或模块、准备数据、创建画布、绘制图表、设置图表元素、设置图表样式、显示图表、运行代码等。接下来，以使用 matplotlib 库进行数据可视化为例介绍 Python 数据可视化的基本流程。

6.3.1 导入库或模块

在使用 Python 进行数据可视化之前，需要先使用 import 关键字导入需要的可视化库。导入 matplotlib 库的示例代码如下。

```
import matplotlib
```

pyplot 是 matplotlib 库中的核心模块，该模块中包含一系列的函数，使用这些函数能够绘制多种类型的图表，并对图表中的元素（如图表标题、坐标轴、文本标签等）进行设置。使用 Python 进行数据可视化时，可以直接导入可视化库中的指定模块，以提高代码的运行效率。导入 matplotlib 库中的 pyplot 模块的示例代码如下。

```
import matplotlib.pyplot
```

> **高手点拨**
>
> 在 Python 数据可视化的实际开发中，为简化代码并提高代码的可读性，通常在导入库或模块时使用 as 关键字为它们设置别名，示例代码如下。

```
# 导入matplotlib库，并设置其别名
import matplotlib as mpl
# 导入matplotlib库中的pyplot模块，并设置其别名
import matplotlib.pyplot as plt
```

6.3.2 准备数据

在进行数据可视化之前，需要先读取和处理需要可视化的数据。Python 提供了多种库来读取和处理数据，其中最常用的是 numpy 库和 pandas 库。

（1）numpy 库。它是 Python 科学计算的基础库，可用于处理多维数组和矩阵数据。numpy 库提供了多种内置的数学函数，如三角函数、指数函数、对数函数、统计函数等。

（2）pandas 库。它是基于 numpy 库创建的，专门用于处理结构化数据。pandas 库支持读取多种文件（如 CSV 文件、Excel 文件、SQL 文件、JSON 文件、HTML 文件）中存储的数据。

使用 pandas 库读取数据的示例代码如下。

```
import pandas as pd                    #导入pandas库，并设置其别名
df=pd.read_excel('data.xlsx')          #读取Excel文件中的数据
```

> **高手点拨**
>
> pandas 库提供的 read_excel() 函数用于读取 Excel 文件中的数据，该函数的语法格式如下。
>
> pandas.read_excel(io, sheet_name, header, dtype)
>
> 其中，io 表示文件存放的路径；sheet_name 用于指定要读取的工作表名称或索引，默认值为 0（表示第 1 个工作表）；header 用于指定列名所在的行号，默认值为 0（表示第 1 行为列名）；dtype 用于设置指定列的数据类型。

6.3.3 创建画布

使用 pyplot 模块中的 figure() 函数可创建一张空白画布，该函数的语法格式如下。

pyplot.figure(num=1, figsize=(6.4, 4.8), facecolor='white')

其中，参数的详细解释如下。
- num：用于设置画布的编号或名称。该参数的值可以是整数，表示画布的编号，如果创建多张画布，则编号会依次增加；也可以是字符串，表示画布的名称。
- figsize：用于设置画布的大小。该参数的值为一个元组，其中的元素分别表示画

布的宽度和高度，单位默认为英寸。
- facecolor：用于设置画布的背景颜色，默认值为 white（白色）。颜色的取值可以是十六进制颜色代码，如"#FF0000"；也可以是 RGB 元组，如"(1.0,0,0)"；也可以是颜色的全称，如"red"；还可以是颜色的缩写，如"b"（蓝色）、"g"（绿色）、"r"（红色）、"c"（蓝绿色）、"m"（洋红色）、"y"（黄色）、"k"（黑色）、"w"（白色）。

> **高手点拨**
>
> 本项目介绍了多种函数的语法格式，这些语法格式中只列举了函数中常用的参数，且仅在参数第1次出现时进行详细解释。当参数赋有值时，该值表示参数的默认值。例如，在 figure() 函数中，num 参数的默认值为1。

一张画布中默认只有一个子图（绘图区），使用 pyplot 模块提供的 subplot() 函数可在一张画布中创建多个子图，以便在同一张画布中的多个绘图区中绘制图表。创建子图的语法格式如下。

```
pyplot.subplot(nrows=1, ncols=1, index=1)
```

其中，参数的详细解释如下。
- nrows：用于设置画布被划分的行数。
- ncols：用于设置画布被划分的列数。
- index：用于设置当前子图的索引位置，取值范围为 1～nrows×ncols。例如，"pyplot. subplot(2, 3, 5)"表示将画布划分为 2 行、3 列，并在第 5 个绘图区绘制图表。

> **高手点拨**
>
> 当一张画布中有多个子图时，可以使用 pyplot 模块提供的 subplots_adjust() 函数调整子图的间距，该函数的语法格式如下。
>
> ```
> pyplot.subplots_adjust(hspace=0.2, wspace=0.2)
> ```
>
> 其中，hspace 用于设置上、下子图的间距；wspace 用于设置左、右子图的间距。

6.3.4 绘制图表

pyplot 模块提供了多种绘图函数，使用这些函数可以绘制不同类型的图表，如折线图、面积图、柱形图、条形图、饼图、散点图、气泡图、直方图、箱形图、词云图等。不同图表的绘制方法见 6.4 节。

6.3.5 设置图表元素

设置图表元素主要包括设置图表标题、设置坐标轴、设置文本标签、设置网格线、设置图例等。

1. 设置图表标题

使用 pyplot 模块中的 title() 函数可设置图表标题,该函数的语法格式如下。

```
pyplot.title(label, loc='center', pad=6.0, color=None, fontsize=None)
```

其中,参数的详细解释如下。

- label:用于设置图表标题的名称。
- loc:用于设置图表标题的位置。该参数的值为 left(画布左侧)、right(画布右侧)或 center(居中)等。
- pad:用于设置图表标题与图表的间距,单位默认为点(1 点等于 1/72 英寸)。
- color:用于设置图表标题的字体颜色。当该参数的值为 None(默认值)时,系统会根据一定的规则为图表标题的字体设置一个颜色。
- fontsize:用于设置图表标题的字体大小,单位默认为点。

2. 设置坐标轴

设置坐标轴包括设置坐标轴标题、设置坐标轴数据范围、设置坐标轴刻度和设置坐标轴属性等。

(1)设置坐标轴标题。

使用 pyplot 模块中的 xlabel() 和 ylabel() 函数可分别设置 X 轴和 Y 轴的标题,这些函数的语法格式如下。

```
pyplot.xlabel(xlabel, fontsize=None)        #X轴标题
pyplot.ylabel(ylabel, fontsize=None)        #Y轴标题
```

其中,参数的详细解释如下。

- xlabel:用于设置 X 轴标题的名称。
- ylabel:用于设置 Y 轴标题的名称。

(2)设置坐标轴数据范围。

使用 pyplot 模块中的 xlim() 和 ylim() 函数可分别设置 X 轴和 Y 轴的数据范围,这些函数的语法格式如下。

```
pyplot.xlim(x_min, x_max)                   #X轴数据范围
pyplot.ylim(y_min, y_max)                   #Y轴数据范围
```

其中，参数的详细解释如下。
- x_min：用于设置 X 轴的最小值。
- x_max：用于设置 X 轴的最大值。
- y_min：用于设置 Y 轴的最小值。
- y_max：用于设置 Y 轴的最大值。

（3）设置坐标轴刻度。

使用 pyplot 模块中的 xticks() 和 yticks() 函数可分别设置 X 轴和 Y 轴的刻度，这些函数的语法格式如下。

```
#X轴刻度
pyplot.xticks(ticks, labels, rotation=None, fontsize=None)
#Y轴刻度
pyplot.yticks(ticks, labels, rotation=None, fontsize=None)
```

其中，参数的详细解释如下。
- ticks：用于设置坐标轴刻度的位置。例如，"ticks=[1, 2 , 3]"表示在坐标轴的 1、2、3 位置上显示刻度。
- labels：用于设置与刻度位置对应的刻度标签。该参数在设置了 ticks 参数后才有效。
- rotation：用于设置刻度标签旋转的角度。

> **小提示**
>
> 需要注意的是，如果同时设置了 ticks 和 labels 参数，则它们的长度必须相同，且每个刻度位置对应一个刻度标签；如果只设置了 ticks 参数而未设置 labels 参数，则刻度标签将使用默认的数字表示。

（4）设置坐标轴属性。

使用 pyplot 模块中的 axis() 函数可设置坐标轴属性，该函数的语法格式如下。

```
pyplot.axis(arg=None)
```

其中，arg 表示坐标轴的属性，该参数的值为 on（开启坐标轴，默认值）、off（关闭坐标轴）、equal（坐标轴的比例相同）、scaled（自动调整坐标轴的刻度）或 auto（自动调整坐标轴范围）等。

3. 设置文本标签

使用 pyplot 模块中的 text() 函数可设置文本标签，该函数的语法格式如下。

```
pyplot.text(x, y, s, fontsize=None, ha='center', va='center')
```

其中，参数的详细解释如下。

- x：用于设置文本标签的 X 轴坐标。
- y：用于设置文本标签的 Y 轴坐标。
- s：用于设置文本标签的内容。
- ha：用于设置文本标签的水平对齐方式。该参数的值为 left（左对齐）、right（右对齐）或 center（居中对齐）等。
- va：用于设置文本标签的垂直对齐方式。该参数的值为 top（顶部对齐）、center（居中对齐）或 bottom（底部对齐）等。

4. 设置网格线

使用 pyplot 模块中的 grid() 函数可设置网格线，该函数的语法格式如下。

```
pyplot.grid(axis='both')
```

其中，axis 用于设置显示网格线的坐标轴方向。当该参数的值为 x 时，表示在 X 轴方向显示网格线；值为 y 时，表示在 Y 轴方向显示网格线；值为 both（默认值）时，表示在 X 轴和 Y 轴方向均显示网格线。

5. 设置图例

使用 pyplot 模块中的 legend() 函数可设置图例，该函数的语法格式如下。

```
pyplot.legend(labels=None, loc='best')
```

其中，参数的详细解释如下。

- labels：用于设置图例中每个数据系列对应的标签。如果没有设置该参数，legend() 函数会根据绘图函数中 label 参数的值自动生成标签；如果绘图函数和 legend() 函数中均未设置标签，则不显示图例。
- loc：用于设置图例的位置。该参数的具体取值如表 6-2 所示。

表 6-2　loc 参数的具体取值

取　值	说　明	取　值	说　明	取　值	说　明
best（默认值）	自适应	lower right	右下方	center left	左侧居中
upper right	右上方	lower left	左下方	right	右侧
upper left	左上方	lower center	下方居中	center	居中
upper center	上方居中	center right	右侧居中	—	—

> **小提示**
>
> 需要注意的是，由于图例是基于图表的绘图函数动态生成的，因此设置图例的操作须在图表绘制完成后进行。

6.3.6 设置图表样式

在 Python 中,使用 matplotlib 库中的 style 模块和 rcParams 全局配置参数可以快速设置图表的样式。

1. 使用 style 模块设置图表样式

matplotlib 库中的 style 模块提供了多种预定义的样式,应用这些样式可以快速设置图表的样式。

使用以下代码可查看 style 模块中预定义的样式,输出结果如图 6-15 所示。

```
print(plt.style.available)
```

```
['Solarize_Light2', '_classic_test_patch', '_mpl-gallery', '_mpl-gallery-nogrid', 'bmh', 'classic', 'dark_background', 'fast',
'fivethirtyeight', 'ggplot', 'grayscale', 'seaborn-v0_8', 'seaborn-v0_8-bright', 'seaborn-v0_8-colorblind', 'seaborn-v0_8-dark',
'seaborn-v0_8-dark-palette', 'seaborn-v0_8-darkgrid', 'seaborn-v0_8-deep', 'seaborn-v0_8-muted', 'seaborn-v0_8-notebook',
'seaborn-v0_8-paper', 'seaborn-v0_8-pastel', 'seaborn-v0_8-poster', 'seaborn-v0_8-talk', 'seaborn-v0_8-ticks', 'seaborn-v0_8-white',
'seaborn-v0_8-whitegrid', 'tableau-colorblind10']
```

图 6-15 style 模块中预定义的样式

使用 style 模块中的 use() 函数可应用样式,示例代码如下。

```
style.use('ggplot')
```

2. 使用 rcParams 全局配置参数设置图表样式

rcParams 是 matplotlib 库中的一个全局配置参数,用于控制图表的属性,如画布大小、线条宽度、线条类型、线条的标记类型、线条的标记大小、无衬线字体的具体名称、字体大小、坐标轴刻度线的显示方向等。通过设置 rcParams 全局配置参数,用户可以一次性更改多个图表的样式,而无需在每次绘图时单独设置每个参数。

使用 rcParams 全局配置参数设置图表样式的示例代码如下。

```
#设置线条宽度
pyplot.rcParams['lines.linewidth']=2
#设置无衬线字体的具体名称
plt.rcParams['font.sans-serif']='SimHei'
```

rcParams 全局配置参数中的常用配置项如表 6-3 所示。

表 6-3 rcParams 全局配置参数中的常用配置项

配置项	说明
figure.figsize	画布大小
lines.linewidth	线条宽度

续表

配置项	说　明
lines.linestyle	线条类型
lines.marker	线条的标记类型
lines.markersize	线条的标记大小
font.sans-serif	无衬线字体的具体名称，该配置项的值为 SimHei（黑体）、KaiTi（楷体）、FangSong（仿宋）或 Microsoft YaHei（微软雅黑）等。当图表中包含中文时，为确保中文能够正确显示，需将该配置项设置为系统中已安装且支持显示中文的字体名称
font.size	字体大小
xtick.direction/ytick.direction	X 轴或 Y 轴刻度线的显示方向，该配置项的值为 out（向外，默认值）或 in（向内）

6.3.7　显示图表

使用 pyplot 模块中的 show() 函数可显示图表，该函数的语法格式如下。

```
pyplot.show()
```

高手点拨

使用 pyplot 模块中的 savefig() 函数可保存图表，该函数的语法格式如下。

```
pyplot.savefig(fname)
```

其中，fname 表示图表的名称，该名称中可以包含路径。例如，将图表保存在 D 盘根目录下，并将其命名为"产品总成本.png"，示例代码如下。

```
pyplot.savefig('D:/产品总成本.png')
```

需要注意的是，如果想显示图表的同时保存图表，则 savefig() 函数必须在 show() 函数前执行。

6.3.8　运行代码

使用 PyCharm 运行 Python 文件，在打开的图表窗口中展示图表。

6.4 使用 Python 绘制图表

在 Python 中，使用 matplotlib 库 pyplot 模块中的不同函数可以绘制不同类型的图表。

6.4.1 折线图

使用 pyplot 模块中的 plot() 函数可绘制折线图，该函数的语法格式如下。

```
pyplot.plot(x, y, label=None, color=None, linestyle='-', linewidth=None, marker=None, markersize=None)
```

其中，参数的详细解释如下。
- x：用于设置 X 轴的数据。
- y：用于设置 Y 轴的数据。
- label：用于设置折线的标签，该参数的值可被 legend() 函数（设置图例的函数）获取。
- linestyle：用于设置线条的类型。该参数的值为 "-"（实线）、"--"（双画线）、"-."（点画线）或 ":"（虚线）等。
- linewidth：用于设置线条的宽度，单位默认为点。
- marker：用于设置标记的类型。该参数的常用取值及对应的标记类型如表 6-4 所示。

表 6-4 marker 参数的常用取值及对应的标记类型

取 值	标记类型	取 值	标记类型	取 值	标记类型
.	点	1	下花三角	h	竖六边形
,	像素	2	上花三角	H	横六边形
o	实心圆	3	左花三角	+	加号
v	倒三角	4	右花三角	×	叉号
^	上三角	s	实心正方形	D	大菱形
>	右三角	p	实心五边形	d	小菱形
<	左三角	*	星形			垂直线

- markersize：用于设置标记的大小，单位默认为点。

高手点拨

当颜色的取值为颜色的缩写时,可以将其与线条类型、标记类型组合,以便灵活地设置线条样式。例如,"r:o"表示红色的实心圆虚线。

【例 6-1】"全国人口年度数据 .xlsx"文件中包含 2003 年至 2023 年的年度人口数据,如图 6-16 所示。绘制折线图,展示 2003 年至 2023 年城镇人口和乡村人口数据。

年份	年末总人口(万人)	男性人口(万人)	女性人口(万人)	城镇人口(万人)	乡村人口(万人)
2003年	129227	66556	62671	52376	76851
2004年	129988	66976	63012	54283	75705
2005年	130756	67375	63381	56212	74544
2006年	131448	67728	63720	58288	73160
2007年	132129	68048	64081	60633	71496
2008年	132802	68357	64445	62403	70399
2009年	133450	68647	64803	64512	68938
2010年	134091	68748	65343	66978	67113
2011年	134916	69161	65755	69927	64989
2012年	135922	69660	66262	72175	63747
2013年	136726	70063	66663	74502	62224
2014年	137646	70522	67124	76738	60908
2015年	138326	70857	67469	79302	59024
2016年	139232	71307	67925	81924	57308
2017年	140011	71650	68361	84343	55668
2018年	140541	71864	68677	86433	54108
2019年	141008	72039	68969	88426	52582
2020年	141212	72357	68855	90220	50992
2021年	141260	72311	68949	91425	49835
2022年	141175	72206	68969	92071	49104
2023年	140967	72032	68935	93267	47700

图 6-16 "全国人口年度数据 .xlsx"文件中的数据

步骤1 新建目录。在 PyCharm 中右击"python 数据可视化"目录,在弹出的快捷菜单中选择"新建"选项,在展开的子菜单中选择"目录"选项,然后在打开的"新建目录"编辑框中输入"例题",并按"Enter"键,如图 6-17 所示。

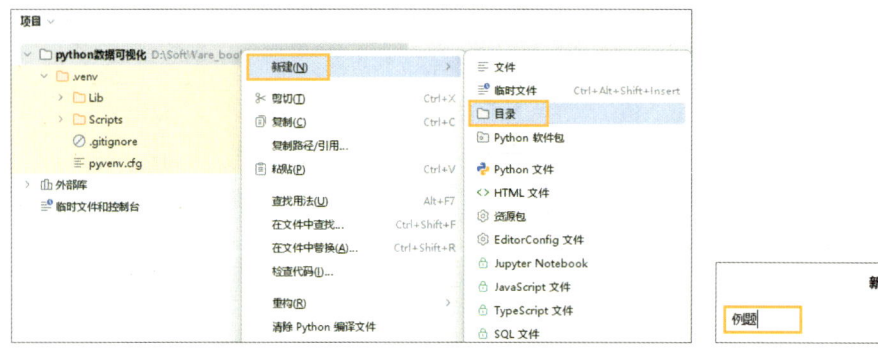

图 6-17 新建目录

步骤2 安装 Python 库。单击 PyCharm 工作界面左侧边栏中的"Python 软件包"按钮,在打开的"Python 软件包"面板的搜索框中输入"matplotlib",单击右侧的"安装软件包"按钮,安装 matplotlib 库(见图 6-18);使用同样的方式安装 pandas 库和 openpyxl 库。

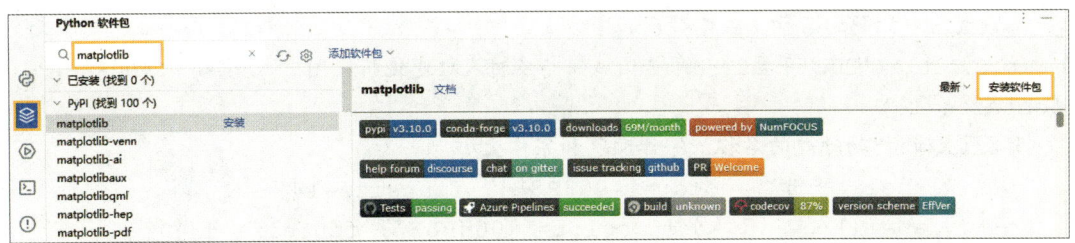

图6-18 安装matplotlib库

> **高手点拨**
>
> openpyxl是一个用于处理Excel文件的Python库，使用它可以读取、修改Excel文件中的数据，还可以将数据写入Excel文件。需要注意的是，在使用openpyxl库提供的相关函数时，Python会自动导入openpyxl库，不需要使用import关键字导入。

步骤3 新建Python文件。右击"例题"目录，在弹出的快捷菜单中选择"新建"选项，在展开的子菜单中选择"Python文件"选项，然后在打开的"新建Python文件"编辑框中输入"line"，并按"Enter"键。

步骤4 界面显示打开的"line.py"文件，在该文件中编写代码。参考代码如下。

```python
#导入pandas库，并设置其别名
import pandas as pd
#导入matplotlib库中的pyplot模块，并设置其别名
import matplotlib.pyplot as plt
#读取Excel文件中的数据
file_path=r'D:\素材与实例\项目6\全国人口年度数据.xlsx'
data=pd.read_excel(file_path)
#提取年份和数据列（城镇人口和乡村人口）
years=data['年份']
urban_population=data['城镇人口（万人）']
rural_population=data['乡村人口（万人）']
#创建画布，设置画布宽度为14英寸，高度为8英寸
plt.figure(figsize=(14, 8))
#绘制乡村人口折线图，设置X轴数据（年份）、Y轴数据（乡村人口）、标签（乡村人口）、线条颜色（红色）、标记类型（上三角）
plt.plot(years, rural_population, label='乡村人口', color='r', marker='^')
#绘制城镇人口折线图，设置X轴数据（年份）、Y轴数据（城镇人口）、标签（城镇人口）、线条颜色（绿色）、标记类型（实心圆）
plt.plot(years, urban_population, label='城镇人口', color='g', marker='o')
```

```
#设置图表标题的名称、字体颜色和字体大小
plt.title('2003年至2023年全国城镇与乡村人口变化折线图', color='#008B8B', fontsize=16)
#设置X轴和Y轴标题的名称、字体颜色和字体大小
plt.xlabel('年份', color='#008B8B', fontsize=14)
plt.ylabel('人口(万人)', color='#008B8B', fontsize=14)
#设置网格线,在X轴和Y轴方向均显示网格线
plt.grid(axis='both')
#设置城镇人口折线图的文本标签
for i, year in enumerate(years):        #遍历年份
    #获取当前年份的城镇人口
    pop=urban_population[i]
    #设置当前年份城镇人口的文本标签,包括文本标签的X轴坐标(当前年份)、Y轴坐标(当前年份的城镇人口)、内容(当前年份的城镇人口)、字体大小(10点)、水平对齐方式(右对齐)、垂直对齐方式(底部对齐)
    plt.text(year, pop, pop, fontsize=10, ha='right', va='bottom')
#设置图例,图例中每个数据系列对应的标签是从绘图函数plot()的label参数中获取的,图例的字体大小为12点
plt.legend(fontsize=12)
#设置字体为黑体,确保能够正确显示中文
plt.rcParams['font.sans-serif']='SimHei'
#显示图表
plt.show()
```

步骤5 右击代码,在弹出的快捷菜单中选择"运行'line'"选项,在打开的图表窗口中展示"2003年至2023年全国城镇与乡村人口变化折线图",效果如图6-19所示。

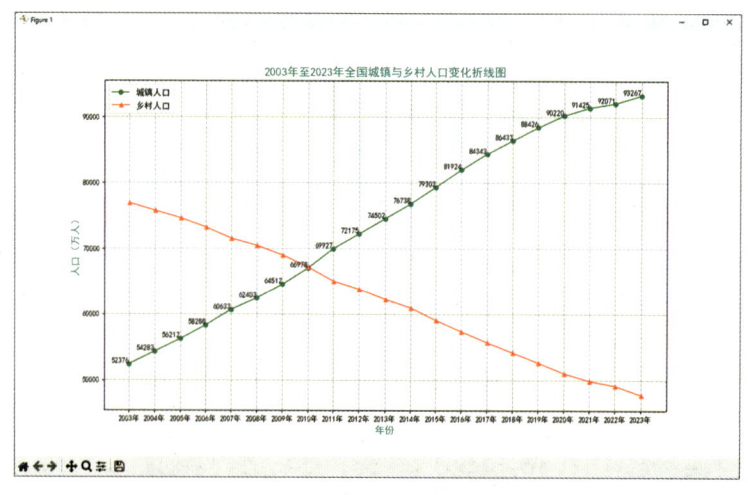

图6-19 "2003年至2023年全国城镇与乡村人口变化折线图"效果

【结果分析】 从图6-19可以看出,2003年至2023年城镇人口一直处于上升趋势,乡村人口一直处于下降趋势。

> **小提示**
>
> 图表窗口的底部包含7个按钮,这些按钮的详细介绍如下。
>
> ① 🏠 按钮。单击该按钮可将图表重置为初始状态。
>
> ② ← 按钮。单击该按钮可执行返回操作,显示图表的上一个状态。
>
> ③ → 按钮。单击该按钮可撤销返回操作。
>
> ④ ✤ 按钮。单击该按钮后,将鼠标指针移到图表区,按住鼠标左键并拖动可调整X轴和Y轴的数据,并移动图表的位置。
>
> ⑤ 🔍 按钮。单击该按钮后,将鼠标指针移到图表区,按住鼠标左键并拖动,形成一个矩形区域后释放鼠标可放大图表中的部分数据区域。
>
> ⑥ ≡ 按钮。单击该按钮,打开"Subplot configuration tool"窗口,在该窗口中可以对子图的布局和相关属性进行设置。
>
> ⑦ 💾 按钮。单击该按钮可将图表保存为图片。

6.4.2 面积图

使用pyplot模块中的fill_between()函数可绘制面积图,该函数的语法格式如下。

```
pyplot.fill_between(x, y1, y2=0, where=None, alpha=1,
facecolor=None, edgecolor=None, linewidth=None, label=None)
```

其中,参数的详细解释如下。

- x:用于设置X轴的数据。
- y1:用于设置第1条曲线的Y轴数据。
- y2:用于设置第2条曲线的Y轴数据,默认值为0(表示第2条线为X轴)。
- where:用于设置填充区域的范围。
- alpha:用于设置填充区域的透明度。该参数的取值范围为0~1,数值越大,越不透明。
- facecolor:用于设置填充区域的填充颜色。
- edgecolor:用于设置填充区域的边框颜色。
- linewidth:用于设置填充区域的边框宽度。
- label:用于设置填充区域的标签。

【例6-2】 绘制面积图,展示2003年至2023年男性人口和女性人口数据。

步骤1 在"例题"目录中新建名为"area"的Python文件,并在该文件中编写代码。

参考代码如下。

```python
import pandas as pd
import matplotlib.pyplot as plt
file_path=r'D:\素材与实例\项目6\全国人口年度数据.xlsx'
data=pd.read_excel(file_path)
#提取年份和数据列（男性人口和女性人口）
years=data['年份']
male_population=data['男性人口（万人）']
female_population=data['女性人口（万人）']
#创建画布
plt.figure(figsize=(10, 8))
#绘制男性人口的面积图，设置X轴数据（年份），第1条曲线的Y轴数据（男性人口），填充区域的填充颜色、边框颜色、边框宽度和标签
plt.fill_between(years, male_population, facecolor='#008B8B', edgecolor='black', linewidth=0.5, label='男性人口')
#绘制女性人口的面积图，设置X轴数据（年份），第1条曲线的Y轴数据（女性人口），填充区域的填充颜色、透明度（0.5）、边框颜色、边框宽度和标签
plt.fill_between(years, female_population, facecolor='#63B8FF', alpha=0.5, edgecolor='black', linewidth=0.5, label='女性人口')
#设置图表标题的名称和字体大小
plt.title('2003年至2023年全国男性与女性人口面积图', fontsize=16)
#设置X轴和Y轴标题的名称和字体大小
plt.xlabel('年份', fontsize=14)
plt.ylabel('人口（万人）', fontsize=14)
#设置坐标轴刻度，将X轴刻度标签逆时针旋转45度，防止刻度标签重叠
plt.xticks(rotation=45)
#设置图例的字体大小和位置（左上方）
plt.legend(fontsize=12, loc='upper left')
#设置字体为黑体
plt.rcParams['font.sans-serif']='SimHei'
#应用ggplot样式
plt.style.use('ggplot')
#显示图表
plt.show()
```

步骤2 运行代码，在打开的图表窗口中展示"2003年至2023年全国男性与女性人口面积图"，效果如图6-20所示。

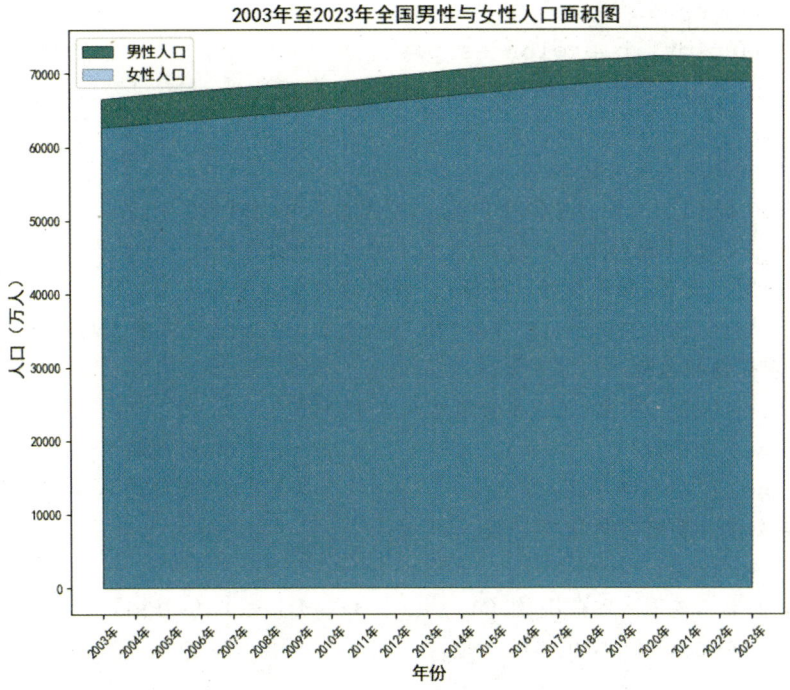

图 6-20 "2003 年至 2023 年全国男性与女性人口面积图"效果

【结果分析】 从图 6-20 可以看出，2003 年至 2023 年全国男性人口均比女性人口多；2003 年至 2019 年全国男性人口和女性人口均呈现上升趋势，2020 年至 2023 年全国男性人口和女性人口均逐渐趋于平稳。

6.4.3 柱形图

使用 pyplot 模块中的 bar() 函数可绘制柱形图，该函数的语法格式如下。

```
pyplot.bar(x, height, width=0.8, align='center', color=None,
edgecolor=None, label=None)
```

其中，参数的详细解释如下。

- x：用于设置 X 轴的数据，通常是类别标签。
- height：用于设置柱形的高度（数据值大小）。
- width：用于设置柱形的宽度。
- align：用于设置柱形与 X 轴坐标的对齐方式。该参数的值为 center（居中对齐）或 edge（边缘对齐）等。

【例 6-3】 绘制柱形图，展示 2003 年至 2023 年全国总人口数据。

步骤1 在"例题"目录中新建名为"bar"的 Python 文件，并在该文件中编写代码。参考代码如下。

```python
import pandas as pd
import matplotlib.pyplot as plt
file_path=r'D:\素材与实例\项目6\全国人口年度数据.xlsx'
data=pd.read_excel(file_path)
#提取年份和年末总人口数据
data_population=data[['年份','年末总人口（万人）']]
plt.figure(figsize=(12, 6))                    #创建画布
#绘制柱形图，设置X轴的数据（年份）、柱形的高度（年末总人口）
plt.bar(data_population['年份'], data_population['年末总人口（万人）'])
#设置图表标题的名称
plt.title('2003年至2023年全国总人口柱形图')
plt.xlabel('年份')                              #设置X轴标题的名称
plt.ylabel('总人口（万人）')                    #设置Y轴标题的名称
#设置X轴刻度标签逆时针旋转45度
plt.xticks(rotation=45)
#设置Y轴的数据范围，即最小值（80 000）和最大值（145 000）
plt.ylim(80000, 145000)
plt.rcParams['font.sans-serif']='SimHei'
plt.show()
```

步骤2 运行代码，在打开的图表窗口中展示"2003年至2023年全国总人口柱形图"，效果如图6-21所示。

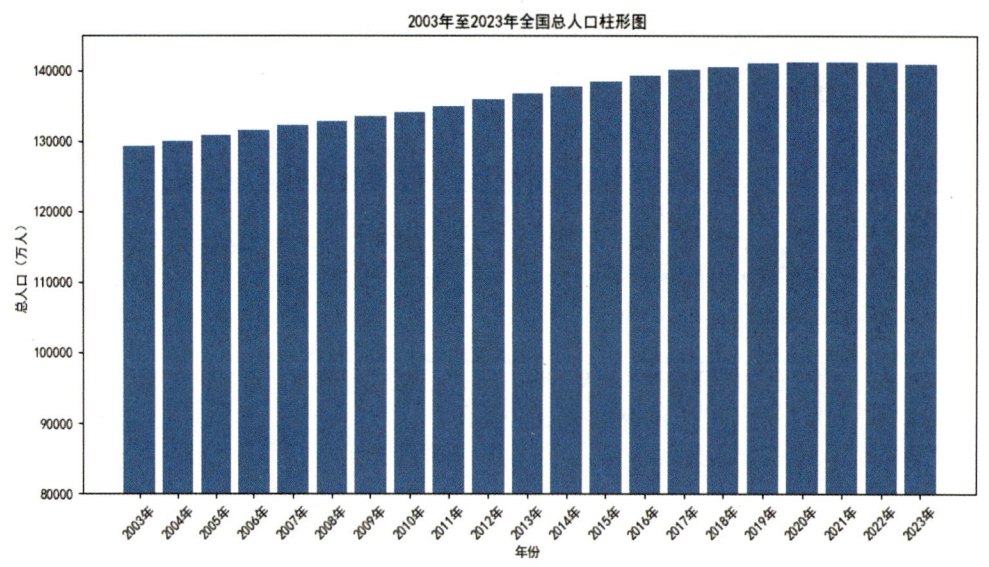

图6-21 "2003年至2023年全国总人口柱形图"效果

【结果分析】 从图6-21可以看出，2003年的全国总人口最少；2003年至2018年全国总人口的上升趋势较为明显，2019年至2023年全国总人口变化幅度较小。

6.4.4 条形图

使用 pyplot 模块中的 barh() 函数可绘制条形图,该函数的语法格式如下。

```
pyplot.barh(y, width, height=0.8, align='center', color=None, edgecolor=None)
```

其中,参数的详细解释如下。
- y:用于设置 Y 轴的数据,通常是类别标签。
- width:用于设置条形的宽度(数据值大小)。
- height:用于设置条形的高度。

> **小试牛刀**
>
> 在"例题"目录中新建名为"barh"的 Python 文件,并在该文件中编写代码,绘制"2003 年至 2023 年全国总人口条形图"。

6.4.5 饼图

使用 pyplot 模块中的 pie() 函数可绘制饼图,该函数的语法格式如下。

```
pyplot.pie(x, colors=None, labels=None, autopct=None, shadow=False, startangle=0, radius=1, pctdistance=0.6, textprops=None)
```

其中,参数的详细解释如下。
- x:用于设置每个扇形的数据。pie() 函数会根据数据大小自动计算每个扇形的占比。
- colors:用于设置每个扇形的颜色。
- labels:用于设置每个扇形的标签。如果未设置该参数,pie() 函数会自动使用数字作为每个扇形的标签。
- autopct:用于设置每个扇形百分比字符串的格式。例如,"%1.1f%%"表示保留一位小数。
- shadow:用于设置饼图是否带有阴影效果。
- startangle:用于设置饼图的起始绘制角度。
- radius:用于设置饼图的半径。
- pctdistance:用于设置百分比字符串与圆心的距离。例如,该参数值为 0.6 时,表示百分比字符串与圆心的距离为饼图半径的 60%。

- **textprops**：用于设置标签的字体和颜色等属性，该参数的值为字典。

【例6-4】"男子体能测试成绩.xlsx"文件中的数据如图6-22所示。绘制饼图，展示男子体能测试不同成绩等级的占比情况。

班级	姓名	1000米（分）	50米（秒）	立定跳远（厘米）	坐位体前屈（厘米）	引体向上（个）	肺活量（毫升）	身高（厘米）	体重（千克）	成绩	成绩等级
1	高某阳	4.22	8.88	195	12	1	2785	170	72.6	62.3	及格
1	郝某杰	4.27	7.7	225	11	7	3133	174	52.7	75.6	及格
1	田某聪	3.53	7.2	255	22	12	5324	183	63.4	95	优秀
1	郝某烨	4.15	8.45	218	14	1	3901	169	46.5	67.6	及格
1	牛某嘉	4.20	7.38	245	17	11	4423	167	53.9	84.75	良好
1	何某源	4.35	8.05	206	13	1	4946	183	79.7	69.4	及格
1	刘某鹏	3.73	7.52	210	13	9	3538	171	54.7	79.7	及格
1	刘某硕	3.82	7.94	190	20	7	3970	175	66.4	77.8	及格
1	吕某瑶	3.90	7.75	186	11	7	3710	173	53.9	75.3	及格
1	米某聪	4.05	8.06	195	3	1	5578	178	83.1	67.2	及格
1	聂某然	4.02	7.75	220	15	10	3821	175	66.5	79.8	及格
1	牛某哲	4.00	7.82	219	13	11	4031	173	57.4	80.2	良好
1	乔某涵	4.22	7.37	228	9	15	4354	163	54.6	84	良好
1	乔某甲	3.75	7.66	202	7	3	2238	179	61.1	67.1	及格
1	任某波	3.77	7.66	245	3	7	4811	177	63.9	83.3	良好

图6-22 "男子体能测试成绩.xlsx"文件中的数据（部分）

步骤1 在"例题"目录中新建名为"pie"的Python文件，并在该文件中编写代码。参考代码如下。

```
import pandas as pd
import matplotlib.pyplot as plt
file_path=r'D:\素材与实例\项目6\男子体能测试成绩.xlsx'
data=pd.read_excel(file_path)
grades=data['成绩等级']                    #提取成绩等级数据
#统计每个成绩等级的学生数量，返回索引index（如及格）和值values（如262）
grade_counts=grades.value_counts()
plt.figure(figsize=(8, 8))                 #创建画布
#绘制饼图，设置每个扇形的数据（每个成绩等级的学生数量）、百分比字符串的格式
（保留一位小数）、起始绘制角度（90度）、百分比字符串与圆心的距离（饼图半径的90%）、
标签的字体大小和颜色
plt.pie(grade_counts, autopct='%1.1f%%', startangle=90,
pctdistance=0.9, textprops={'fontsize': 13, 'color': 'w'})
plt.title('男子体能测试成绩等级占比饼图', fontsize=20) #设置标题
plt.rcParams['font.sans-serif']='SimHei'
#设置图例，标签为grade_counts的索引（及格、良好、不及格、优秀）
plt.legend(grade_counts.index)
plt.show()
```

步骤2 运行代码，在打开的图表窗口中展示"男子体能测试成绩等级占比饼图"，效果如图6-23所示。

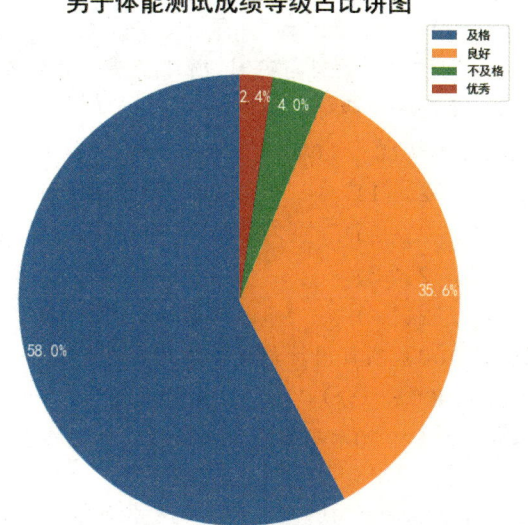

图 6-23 "男子体能测试成绩等级占比饼图"效果

【结果分析】 从图 6-23 可以看出,及格成绩等级学生的占比最多,优秀成绩等级学生的占比最少。

6.4.6 散点图与气泡图

使用 pyplot 模块中的 scatter() 函数可绘制散点图和气泡图,该函数的语法格式如下。

```
pyplot.scatter(x, y, s=None, c=None, marker='o', cmap=None, alpha=None)
```

其中,参数的详细解释如下。

- x:用于设置 X 轴的数据。
- y:用于设置 Y 轴的数据。
- s:用于设置标记的大小。在气泡图中,该参数的值通常与某个变量(如成绩、销量等)相关。
- c:用于设置标记的填充颜色。
- cmap:用于设置颜色映射。该参数的值为 viridis(多色渐变,默认值)、plasma(紫黄渐变)、inferno(黑黄渐变)、coolwarm(蓝红渐变)、RdBu(红蓝渐变)、gray(灰白渐变)、binary(白灰渐变)或 hot(暖色调渐变)等。

【例 6-5】 绘制散点图,展示男子体能测试 1 000 米项目用时、50 米项目用时、立定跳远测试结果、坐位体前屈测试结果与成绩的相关性。

步骤1 在"例题"目录中新建名为"scatter"的 Python 文件,并在该文件中编写代码。参考代码如下。

```python
import pandas as pd
import matplotlib.pyplot as plt
data=pd.read_excel(r'D:\素材与实例\项目6\男子体能测试成绩.xlsx')
#创建画布和4个子图，子图分为两行、两列
fig=plt.figure(figsize=(10, 10))
fig1=plt.subplot(2, 2, 1)          #第1个子图，位于画布的第1行、第1列
fig2=plt.subplot(2, 2, 2)          #第2个子图，位于画布的第1行、第2列
fig3=plt.subplot(2, 2, 3)          #第3个子图，位于画布的第2行、第1列
fig4=plt.subplot(2, 2, 4)          #第4个子图，位于画布的第2行、第2列
#在第1个子图中绘制1 000米项目用时与成绩的关系散点图
fig1.scatter(data['1000米（分）'], data['成绩'], color='b', alpha=0.6)
    #X轴和Y轴数据分别为1 000米项目用时和成绩，标记的透明度为0.6
#设置子图的标题名称
fig1.set_title('1000米项目用时与成绩的关系散点图')
#设置子图的X轴标题名称
fig1.set_xlabel('1000米项目用时（分）')
#设置子图的Y轴标题名称
fig1.set_ylabel('成绩')
#在第2个子图中绘制50米项目用时与成绩的关系散点图
fig2.scatter(data['50米（秒）'], data['成绩'], color='g', alpha=0.6)
fig2.set_title('50米项目用时与成绩的关系散点图')
fig2.set_xlabel('50米项目用时（秒）')
fig2.set_ylabel('成绩')
#在第3个子图中绘制立定跳远测试结果与成绩的关系散点图
fig3.scatter(data['立定跳远（厘米）'], data['成绩'], color='r', alpha=0.6)
fig3.set_title('立定跳远测试结果与成绩的关系散点图')
fig3.set_xlabel('立定跳远测试结果（厘米）')
fig3.set_ylabel('成绩')
#在第4个子图中绘制坐位体前屈测试结果与成绩的关系散点图
fig4.scatter(data['坐位体前屈（厘米）'], data['成绩'], color='y', alpha=0.6)
fig4.set_title('坐位体前屈测试结果与成绩的关系散点图')
fig4.set_xlabel('坐位体前屈测试结果（厘米）')
fig4.set_ylabel('成绩')
#调整上、下子图和左、右子图的间距
plt.subplots_adjust(hspace=0.3, wspace=0.2)
plt.rcParams['font.sans-serif']='SimHei'
plt.show()
```

步骤2 运行代码,在打开的图表窗口中展示不同测试项结果与成绩关系散点图,效果如图 6-24 所示。

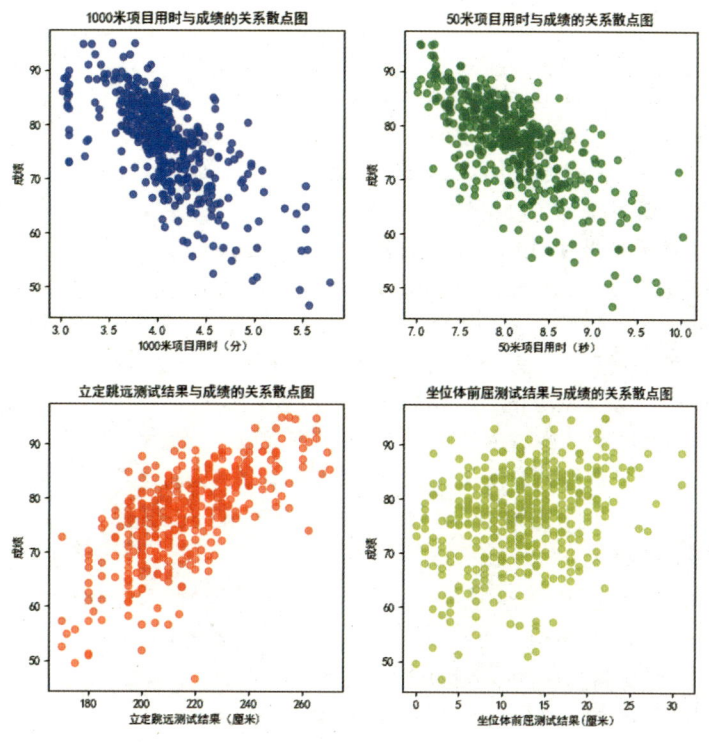

图 6-24 不同测试项结果与成绩关系散点图效果

【结果分析】 从图 6-24 可以看出,1 000 米项目用时、50 米项目用时与成绩成反比,即用时越多,成绩越低;立定跳远、坐位体前屈的测试结果与成绩成正比,即测试项对应的数值越大,成绩越高。

6.4.7 直方图

使用 pyplot 模块中的 hist() 函数可绘制直方图,该函数的语法格式如下。

```
pyplot.hist(x, bins=10, range=None, color=None, edgecolor)
```

其中,参数的详细解释如下。

- `x`:表示输入的数据(用于生成直方图的数据)。
- `bins`:用于设置直方图的箱数或区间边界。该参数可以是一个整数,表示箱数,即将数据分成等宽的 bins 个区间;也可以是一个序列,用于定义区间边界,除了最后一个区间,其余所有区间都是左闭右开的。
- `range`:用于设置直方图的数据范围,超出此范围的数据不会出现在直方图中。如果未设置该参数,hist() 函数会将输入数据的最小值和最大值作为直方图的数据范围。

【例6-6】 绘制直方图，展示男子体能测试1 000米项目用时分布情况。

步骤1 在"例题"目录中新建名为"hist"的Python文件，并在该文件中编写代码。参考代码如下。

```python
import pandas as pd
import matplotlib.pyplot as plt
import numpy as np
file_path=r'D:\素材与实例\项目6\男子体能测试成绩.xlsx'
data=pd.read_excel(file_path)
#获取1 000米项目用时的最小值和最大值，并取整数
min_value=np.floor(data['1000米（分）'].min())    #向下取整，结果为3.0
max_value=np.ceil(data['1000米（分）'].max())     #向上取整，结果为6.0
#设置直方图的区间边界，每个区间间隔为0.2，即[3.0 3.2 3.4 3.6 3.8 ……]
bin_edges=np.arange(min_value, max_value + 0.2, 0.2)
plt.figure(figsize=(8, 6))
#绘制直方图，设置输入的数据（1 000米项目用时）、区间边界、直方图颜色、边框颜色
plt.hist(data['1000米（分）'], bins=bin_edges, color='#008B8B', edgecolor='black')
plt.title('男子1000米项目用时分布直方图', fontsize=16)
plt.xlabel('1000米项目用时（分）', fontsize=14)
plt.ylabel('频数', fontsize=14)
#设置X轴刻度的位置，即[3.0 3.2 3.4 3.6 3.8 ……]
plt.xticks(ticks=bin_edges)
plt.rcParams['font.sans-serif']='SimHei'
plt.style.use('bmh')
plt.show()
```

步骤2 运行代码，在打开的图表窗口中展示"男子1000米项目用时分布直方图"，效果如图6-25所示。

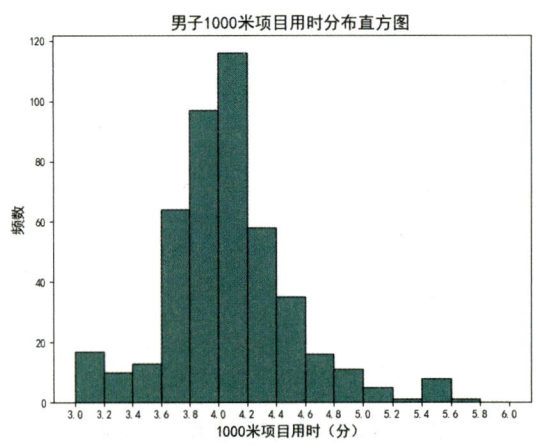

图6-25 "男子1000米项目用时分布直方图"效果

【结果分析】 从图 6-25 可以看出，1 000 米项目用时集中在 3.6 分钟至 4.6 分钟；用时低于 3.6 分钟和高于 4.6 分钟的学生人数较少。

6.4.8 箱形图

使用 pyplot 模块中的 boxplot() 函数可绘制箱形图，该函数的语法格式如下。

```
pyplot.boxplot(x, tick_labels, vert=True, sym=None, positions=None, widths=0.5)
```

其中，参数的详细解释如下。

- x：表示输入的数据。如果该数据是二维数组，则 x 中的每列数据生成一个箱形图；如果该数据是多个一维数组组成的序列，则 x 中的每个数组生成一个箱形图。
- tick_labels：用于设置每个箱形图的刻度标签，通常是每个箱形图的类别标签。
- vert：用于设置是否垂直显示箱形图。
- sym：用于设置异常值的标记类型。
- positions：用于设置每个箱形图在坐标轴上的位置。
- widths：用于设置箱形图的宽度，单位默认为点。

> **小试牛刀**
>
> 在"例题"目录中新建名为"boxplot"的 Python 文件，并在该文件中编写代码，绘制"男子 1000 米项目用时箱形图"。

6.4.9 词云图

在 Python 中，使用 WordCloud 库可以根据文本数据生成词云图，使用 matplotlib 库可以将生成的词云图显示出来。生成词云图的语法格式如下。

```
WordCloud(width, height, background_color='white', max_words=200, colormap='viridis', font_path=None).generate(text)
```

其中，参数的详细解释如下。

- width：用于设置词云图的宽度，单位默认为 px。
- height：用于设置词云图的高度，单位默认为 px。
- background_color：用于设置词云图的背景颜色。
- max_words：用于设置词云图中能显示的最大的词语数量。
- colormap：用于设置词云图的颜色映射表。词语的颜色根据它们出现的频次或重要性而变化。WordCloud 库提供了多种预定义的颜色映射表，如 viridis、inferno、

magma 等。
- font_path：用于设置字体的文件路径。当词云图中包含中文字符或其他特殊字符时，可以指定字体以显示这些字符。
- text：一个包含要生成词云图的单词字符串。

> **小提示**
>
> 设置字体的文件路径时，需要保证该路径中已存放能够使用的字体文件。

【例6-7】"某电商平台某款连衣裙的商品评价.txt"文件中的数据如图6-26所示。绘制词云图，展示某款连衣裙的商品评价情况。

```
衣服的面料很软，很有质感，款式也很好看，上身效果特别显瘦，纽扣做得很精致，细节方面都处理得很好
非常不错，料子轻薄，滑滑的，一点儿都不热
买了之后穿过一次，外形还是不错的，长短也合适
不错的衣服，看起来挺正式
大小正好，质量也还行，再胖一点可以把扣子调整一下
垂感很好，显瘦遮肉，微胖的姐妹可以冲
超级好看，上身效果很棒，性价比很高
```

图 6-26 "某电商平台某款连衣裙的商品评价.txt"文件中的数据（部分）

步骤1 在 PyCharm 中安装 WordCloud 库。

步骤2 在"例题"目录中新建名为"word"的 Python 文件，并在该文件中编写代码。参考代码如下。

```python
#导入jieba库,用于分词
import jieba
import matplotlib.pyplot as plt
#导入WordCloud库,用于生成词云图
from wordcloud import WordCloud
#以只读模式打开文件并读取文件内容
with open(r'D:\素材与实例\项目6\某电商平台某款连衣裙的商品评价.txt', 'r') as file:
    text=file.read()
#对文本内容进行分词,lcut()函数会将文本切割成词语并以列表形式返回
words=jieba.lcut(text)
#将分词结果列表转换为以空格分隔的字符串,方便词云生成器处理
words_str=' '.join(words)
#生成词云图,设置词云图的宽度(800 px)、高度(600 px)、背景颜色、显示词语的最大数量(200)、颜色映射表(viridis)、字体的文件路径
wordcloud=WordCloud(width=800, height=600, background_color='white', max_words=200, colormap='viridis', font_path='C:\Windows\Fonts\simhei.ttf').generate(words_str)
plt.figure(figsize=(10, 6))
```

```
plt.title('某电商平台某款连衣裙的商品评价词云图', fontsize=20, pad=20)
#显示词云图
plt.imshow(wordcloud)
#关闭坐标轴
plt.axis('off')
plt.rcParams['font.sans-serif']='SimHei'
plt.show()
```

知识库

① jieba 库是 Python 中一个重要的第三方中文分词库，它提供了一系列分词函数，用于将文本切分成有意义的词语。lcut() 函数是 jieba 库中的一个常用函数，返回一个分词结果列表，示例代码如下。

```
import jieba                                    #导入jieba库
#对文本进行分词，并输出分词结果。结果为['我们', '正在', '努力学习', 'Python', '语言']
print(jieba.lcut('我们正在努力学习Python语言'))
```

② imshow() 是 pyplot 模块中用于显示图像的函数，主要用于显示词云图、热力图等，该函数的语法格式如下。

```
pyplot.imshow(x)
```

其中，x 表示待显示的词云图、热力图等。

步骤3 运行代码，在打开的图表窗口中展示"某电商平台某款连衣裙的商品评价词云图"，效果如图 6-27 所示。

图 6-27 "某电商平台某款连衣裙的商品评价词云图"效果

【结果分析】 从图 6-27 可以看出，"衣服""面料""很好""显瘦""款式""不错"等词语比较突出，表明这些词语在评价中的出现频率较高，由此可以推断出买家比较关注该款连衣裙的面料，并认为该款连衣裙款式不错、显瘦。

项目实施——使用 Python 实现某点评网站美食店铺数据可视化

某点评网站中的美食店铺数据和某店铺 2024 年 1 月至 9 月的评价数据分别保存在"店铺数据.xlsx"（见图 6-28）和"某店铺 2024 年 1 月至 9 月评价数据.xlsx"文件中，如图 6-29 所示。从不同角度分析某点评网站美食店铺数据，能够帮助用户了解不同区的美食店铺分布情况和评分情况，以及不同类别美食的受欢迎程度。

使用 Python 实现某点评网站美食店铺数据可视化

店名	分类	所在区	评分	评价次数（次）	均价（元/人）
逗思都吃韩国料理（五道口店）	韩国料理	海淀区	4.4	11002	92
浩海火烧云傣家菜（京广店）	云南菜|滇菜	朝阳区	4.6	21031	104
南门涮肉（东单店）	火锅	东城区	4.7	14212	128
南门涮肉（国贸商城店）	火锅	朝阳区	4.8	8054	135
聚宝源（牛街总店）	火锅	西城区	4.5	41339	119
胖妹面庄（香饵胡同店）	粉面馆	东城区	4.6	25133	60
铃木食堂（杨梅竹店）	日本料理	西城区	4.7	12717	98
Bada kitchen 和风洋食（中关村店）	日本料理	海淀区	4.7	12910	126
四季民福烤鸭店（东四十条店）	烤鸭	东城区	4.7	21678	174
潇湘阁（三里屯SOHO店）	湘菜	朝阳区	4.7	9437	83
THE TACO BAR（三里屯店）	西餐	朝阳区	4.6	7973	142
苏饭	私房菜	朝阳区	4.2	3416	100
滇大池云南菜·蒸汽石锅鱼（望京诚盈店）	云南菜|滇菜	朝阳区	4.8	12106	166

图 6-28 "店铺数据.xlsx"文件中的数据（部分）

日期	评价
2024-09-30	提前预约好的，到了没怎么等就吃上了！满恒记堪称性价比之王，柠檬茶喝着太爽了！整体食材也都不错，带朋友来吃表示满意，份量价格是真实惠
2024-09-30	第一次吃铜锅的鸳鸯锅，很惊喜！简单的食材最考验品质，豆腐吃到了久违的豆味～红糖饼也美滋滋
2024-09-30	味道：北京唯一一家肉都是现切的店，排队能够从中午排到晚上，味道自然不必多说，无论是工作日还是休息日 排队的人都很多 能吃上真的是要经过一番努力
2024-09-30	环境：在西直门附近，店面很大，外面还有卖小吃的窗口，4:30过去已经排队叫号到60了，「鲜油豆皮」豆皮YYDS，超嫩，下去涮几秒就好了 入口即化「纯天然
2024-10-05	「金奖麻酱糖饼」名不虚传，料很足，但是又不腻，上来烫嘴，「手工鲜切羊后腿」建议点肥薄，口感刚刚好，全瘦的比较硬「老回民爆肚」还可以吧，料比
2024-09-30	羊肉挺好吃的，一点也不膻，家里人想吃辣点了个鸳鸯锅，只是吃到石面锅里的味道有点寡淡。单独选了麻酱和肥牛酱料，吃不惯麻酱，但是两个搭配看就还好
2024-09-30	终于鼓起勇气去排了一次队，5点开始排，排了3小时，好在外卖窗口可以买「现炸大鸡腿」吃～可以一边吃一边等，是真的香啊，皮脆肉嫩，超级多汁，一定要
2024-09-30	牛肉和羊肉比较新鲜，吃起来还可以，但是服务员可能有点小骄傲的

图 6-29 "某店铺 2024 年 1 月至 9 月评价数据.xlsx"文件中的数据（部分）

1. 某点评网站不同类美食评价次数可视化

统计不同类美食的评价次数，然后根据评价次数降序排序美食分类，最后使用条形图展示排名前 10 的美食分类的评价次数。

步骤1 新建目录。在 PyCharm 中的"python 数据可视化"目录中新建"项目实施"目录。

步骤2 在"项目实施"目录中新建名为"barh"的 Python 文件，并在该文件中编写代码。参考代码如下。

```python
import pandas as pd
import matplotlib.pyplot as plt
#读取Excel文件中的数据
file_path=r'D:\素材与实例\项目6\项目实施\店铺数据.xlsx'
data=pd.read_excel(file_path)
#对"分类"列进行分组，并统计每组对应的评价次数的总和
category_ratings=data.groupby('分类')['评价次数（次）'].sum()
#按评价次数降序排序，并取前10个美食分类
top_10_categories=category_ratings.sort_values(ascending=False).head(10)
#创建画布
plt.figure(figsize=(10, 6))
#绘制条形图，设置Y轴坐标（美食分类）、条形宽度（评价次数）、条形填充颜色、边框颜色
plt.barh(top_10_categories.index, top_10_categories.values, color='#CD69C9', edgecolor='black')
#设置图表标题的名称和字体大小
plt.title('某点评网站不同类美食评价次数条形图', fontsize=16)
#设置X轴和Y轴标题的名称和字体大小
plt.xlabel('评价次数（次）', fontsize=14)
plt.ylabel('美食分类', fontsize=14)
#设置字体为黑体
plt.rcParams['font.sans-serif']='SimHei'
#显示图表
plt.show()
```

步骤3 运行代码，在打开的图表窗口中展示"某点评网站不同类美食评价次数条形图"，效果如图6-30所示。

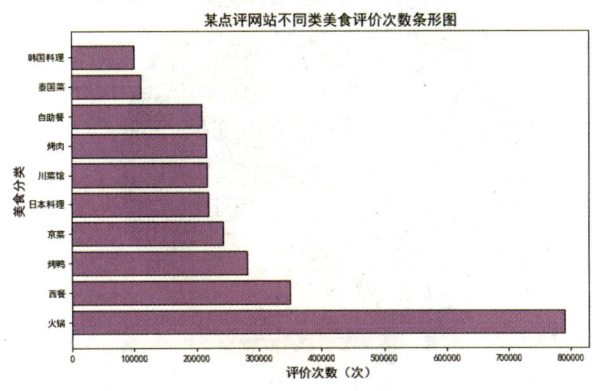

图6-30 "某点评网站不同类美食评价次数条形图"效果

【结果分析】 从图 6-30 可以看出，评价次数前 10 的美食分类中，火锅的评价次数最多，西餐的评价次数排名第 2，韩国料理的评价次数最少。

2. 某点评网站不同区美食店铺数占比可视化

使用饼图展示某点评网站不同区美食店铺数的占比情况。

步骤1 在"项目实施"目录中新建名为"pie"的 Python 文件，并在该文件中编写代码。参考代码如下。

```python
import pandas as pd
import matplotlib.pyplot as plt
file_path=r'D:\素材与实例\项目6\项目实施\店铺数据.xlsx'
data=pd.read_excel(file_path)
#对"所在区"列进行统计，计算每个区的店铺数量
district_counts=data['所在区'].value_counts()
plt.figure(figsize=(10, 8))
#绘制饼图
plt.pie(district_counts, autopct='%1.1f%%', startangle=90,
pctdistance=0.9, textprops={'fontsize': 13, 'color': 'w'})
plt.title('某点评网站不同区美食店铺数占比饼图', fontsize=16)
plt.rcParams['font.sans-serif']='SimHei'
#设置图例，显示每个区的名称
plt.legend(district_counts.index)
plt.show()
```

步骤2 运行代码，在打开的图表窗口中展示"某点评网站不同区美食店铺数占比饼图"，效果如图 6-31 所示。

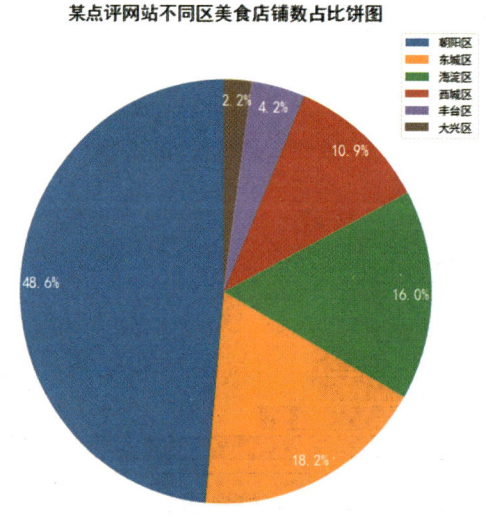

图 6-31 "某点评网站不同区美食店铺数占比饼图"效果

【结果分析】 从图 6-31 可以看出，朝阳区的美食店铺数最多，占本次采集的店铺总数的 48.6%；大兴区的美食店铺数最少，占本次采集的店铺总数的 2.2%。

3. 某点评网站不同区店铺均价分布情况可视化

使用箱形图展示某点评网站不同区的店铺均价分布情况。

步骤1 在"项目实施"目录中新建名为"boxplot"的 Python 文件，并在该文件中编写代码。参考代码如下。

```python
import pandas as pd
import matplotlib.pyplot as plt
file_path=r'D:\素材与实例\项目6\项目实施\店铺数据.xlsx'
data=pd.read_excel(file_path)
#获取唯一的区名称，作为X轴的刻度标签
districts=data['所在区'].unique()
#初始化一个空列表，用来保存箱形图的输入数据（每个区的均价）
box_data=[]
#遍历每个区
for district in districts:
    #筛选属于当前区的数据
    district_data=data[data['所在区']==district]
    #提取当前区的均价数据
    prices=district_data['均价（元/人）']
    #将当前区的均价数据添加到box_data列表中
    box_data.append(prices)
plt.figure(figsize=(10, 6))
#绘制箱形图，设置输入数据（每个区的均价数据）、每个箱形图的刻度标签（区名）
plt.boxplot(box_data, tick_labels=districts)
plt.title('某点评网站不同区店铺均价分布箱形图')
plt.xlabel('所在区')
plt.ylabel('均价（元/人）')
plt.rcParams['font.sans-serif']='SimHei'
plt.show()
```

步骤2 运行代码，在打开的图表窗口中展示"某点评网站不同区店铺均价分布箱形图"，效果如图 6-32 所示。

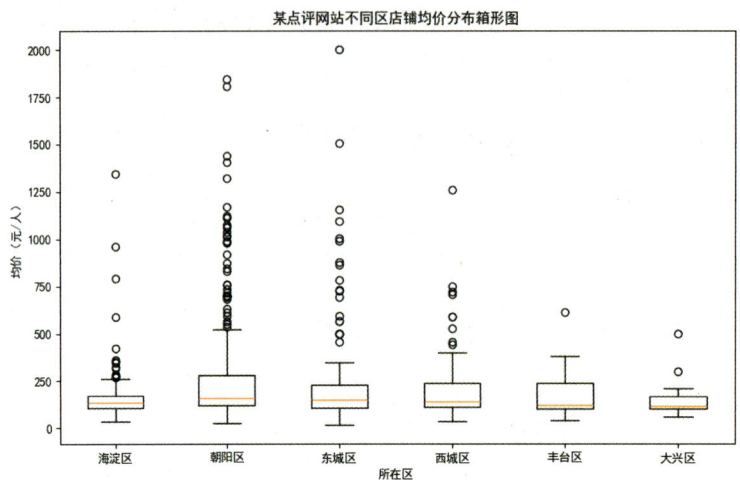

图 6-32 "某点评网站不同区店铺均价分布箱形图"效果

【结果分析】 从图 6-32 可以看出，朝阳区美食店铺的均价最高，且均价超出正常均价（异常值）的美食店铺较多；海淀区和大兴区美食店铺的均价较低，且均价较为集中。

4. 某店铺 2024 年 1 月至 9 月评价数据可视化

使用词云图展示某店铺 2024 年 1 月至 9 月的评价数据。

步骤1 在"项目实施"目录中新建名为"word"的 Python 文件，并在该文件中编写代码。参考代码如下。

```
import jieba
import pandas as pd
import matplotlib.pyplot as plt
from wordcloud import WordCloud
file_path=r'D:\素材与实例\项目6\项目实施\某店铺2024年1月至9月评价数据.xlsx'
data=pd.read_excel(file_path)
content=''
for text in data['评价']:
    content=content + text
#对评价内容进行分词
words=jieba.lcut(content)
words_str=' '.join(words)
#生成词云图
wordcloud=WordCloud(width=800, height=600, background_color=
'white', max_words=200, colormap='viridis', font_path='C:\
Windows\Fonts\simhei.ttf').generate(words_str)
plt.figure(figsize=(10, 6))
```

```
plt.title('某店铺2024年1月至9月评价词云图', fontsize=20, pad=20)
#显示词云图
plt.imshow(wordcloud, interpolation='bilinear')
#关闭坐标轴
plt.axis('off')
plt.rcParams['font.sans-serif']='SimHei'
plt.show()
```

步骤2 运行代码，在打开的图表窗口中展示"某店铺2024年1月至9月评价词云图"，效果如图6-33所示。

图6-33 "某店铺2024年1月至9月评价词云图"效果

【结果分析】 从图6-33可以看出，"涮肉""麻酱""糖饼""好吃"等词语比较突出，表明这些词语在评价中的出现频率较高，由此可以推断出该店铺的涮肉、麻酱和糖饼比较受欢迎，并且该店铺的美食比较好吃。

项目实训

1. 实训目的

练习使用Python绘制各种图表的方法，实现数据可视化。

2. 实训内容

"某地区上半年空气质量指数.xlsx"文件中的数据如图6-34所示。

日期	空气质量指数（AQI）	PM$_{2.5}$浓度	PM$_{10}$浓度	SO$_2$浓度	CO浓度	NO$_2$浓度	O$_3$浓度
1/1	79	58	64	8	0.7	57	23
1/2	112	84	73	10	1	71	7
1/3	68	49	51	7	0.8	49	3
1/4	90	67	57	7	1.2	53	18
1/5	110	83	65	7	1	51	46
1/6	65	47	58	6	1	43	6
1/7	50	18	19	5	1.5	40	43
1/8	69	50	49	7	0.9	39	45

图 6-34 "某地区上半年空气质量指数 .xlsx"文件中的数据（部分）

使用 Python 对上述数据进行可视化。

（1）绘制折线图，展示不同日期 PM$_{2.5}$ 浓度和 PM$_{10}$ 浓度的变化趋势。

（2）绘制气泡图，展示 SO$_2$ 浓度、CO 浓度与空气质量指数的相关性。

（3）绘制直方图，展示空气质量指数的分布情况。

项目考核

1. 选择题

（1）Python 的特点不包括（　　）。

　　A．标准库和第三方库丰富　　　　B．集成性弱

　　C．简单易学　　　　　　　　　　D．数据处理能力强

（2）（　　）是 Python 中最基础的可视化库。

　　A．matplotlib 库　　　　　　　　B．seaborn 库

　　C．pyecharts 库　　　　　　　　D．plotly 库

（3）在 matplotlib 库中，使用（　　）函数可以创建画布。

　　A．figure()　　　　　　　　　　B．xlabel()

　　C．legend()　　　　　　　　　　D．show()

（4）在 matplotlib 库中，使用（　　）函数可以设置 X 轴标题。

　　A．xticks()　　　　　　　　　　B．xlim()

　　C．xlabel()　　　　　　　　　　D．yticks()

（5）当图表中包含中文时，必须配置 rcParams 全局配置参数中的（　　）配置项。

　　A．lines.linestyle　　　　　　　B．lines.marker

　　C．lines.markersize　　　　　　D．font.sans-serif

（6）在 matplotlib 库中，使用（　　）函数可以绘制柱形图。

　　A．plot()　　　　　　　　　　B．barh()

　　C．bar()　　　　　　　　　　 D．scatter()

2. 判断题

（1）在 matplotlib 库中，使用 pyplot 模块中的 text() 函数可以设置文本标签。（　　）

（2）在 matplotlib 库中，使用 pyplot 模块中的 legend() 函数可以设置图例。（　　）

（3）matplotlib 库的 pyplot 模块中预定义了多种样式，应用这些样式可以快速设置图表的样式。（　　）

（4）在 matplotlib 库中，使用 pyplot 模块中的 boxplot() 函数可以绘制箱形图。（　　）

（5）在 matplotlib 库中，标记类型"o"表示点。（　　）

项目评价

请学生结合本项目的学习情况，对学习成果进行自评和互评（组内成员相互评分），请指导教师进行师评和总评，并将评价结果填入表 6-5 中。

表 6-5　学习成果评价表

评价项目	评价内容	评价分数			
		分值	自评	互评	师评
项目完成度（20%）	项目准备阶段，回答问题清晰准确，紧扣主题，没有明显错误	5 分			
	项目实施阶段，根据操作步骤完成本项目	5 分			
	项目实训阶段，出色地完成实训内容	5 分			
	项目考核阶段，完成考核题目	5 分			
知识（35%）	Python 的特点和常用的 Python 可视化库	5 分			
	Python 数据可视化的基本流程	15 分			
	matplotlib 库中常用的绘制图表的函数	15 分			
技能（35%）	搭建 Python 数据可视化开发环境	10 分			
	选择合适的图表展示不同的数据	5 分			
	使用 Python 绘制不同的图表，实现数据可视化	20 分			

续表

评价项目	评价内容	评价分数			
		分值	自评	互评	师评
素养 （10%）	培养逻辑思维能力，提高数据洞察能力	5分			
	持续关注前沿技术，不断开阔视野，拓展知识面	5分			
合计		100分			
总评	综合得分：_____	指导教师签字：_____			
	综合等级：_____				

注：综合得分可按照"自评（25%）+互评（25%）+师评（50%）"进行计算；综合等级可以"优"（综合得分≥90分）、"良"（80分≤综合得分＜90分）、"中"（60分≤综合得分＜80分）、"差"（综合得分＜60分）为标准进行评价。

参考文献

[1] 吴勇,唐文芳. 数据可视化技术与应用[M]. 北京:机械工业出版社,2024.

[2] 黄源. 大数据可视化技术与应用:微课视频版[M]. 2版. 北京:清华大学出版社,2023.

[3] 范路桥,郑述招,陈红玲. ECharts数据可视化实战[M]. 西安:西安电子科技大学出版社,2023.

[4] 刘礼培,张良均. Python数据可视化实战[M]. 北京:人民邮电出版社,2021.

[5] 王国平. Tableau数据可视化从入门到精通:视频教学版[M]. 北京:清华大学出版社,2020.